校企"双元"合作精品教材
高等职业院校"互联网+"系列精品教材

电子产品 AutoCAD 制图

汪宁　王书旺　主编

电子工业出版社

Publishing House of Electronics Industry
北京·BEIJING

内 容 简 介

在信息技术的快速发展下，市场上涌现出许多种类的电子新产品，电子信息类企业为满足市场需求，需要大量掌握 AutoCAD 制图技能的电子产品设计人才。在此背景下，编者结合电子信息类人才发展需求和国家骨干院校建设项目成果编写了本书。主要内容包括创建电子产品样板文件、电子产品基础制图、电子产品模块化制图和电子产品三维制图的方法与技巧。本书内容丰富实用、深入浅出，通过真实的企业产品项目，采用任务驱动的教学方式，对电子产品 AutoCAD 制图的过程与方法进行了详细介绍。

本书为高等职业本专科院校相应课程的教材，也可作为开放大学、成人教育、自学考试、中职学校、培训班的教材，以及电子产品制图员的参考书。

本书配有免费的微课视频、电子教学课件、练习题参考答案等，详见前言。

未经许可，不得以任何方式复制或抄袭本书之部分或全部内容。
版权所有，侵权必究。

图书在版编目（CIP）数据

电子产品 AutoCAD 制图 / 汪宁，王书旺主编. —北京：电子工业出版社，2023.3
高等职业院校"互联网+"系列精品教材
ISBN 978-7-121-45248-2

Ⅰ. ①电… Ⅱ. ①汪… ②王… Ⅲ. ①电子产品－计算机辅助设计－AutoCAD 软件－高等职业教育－教材
Ⅳ. ①TN02

中国国家版本馆 CIP 数据核字（2023）第 046055 号

责任编辑：陈健德（E-mail：chenjd@phei.com.cn）　　　　特约编辑：田学清
印　　刷：天津画中画印刷有限公司
装　　订：天津画中画印刷有限公司
出版发行：电子工业出版社
　　　　　北京市海淀区万寿路 173 信箱　　　邮编：100036
开　　本：787×1 092　　1/16　　印张：12.75　　字数：343 千字
版　　次：2023 年 3 月第 1 版
印　　次：2023 年 3 月第 1 次印刷
定　　价：55.00 元

凡所购买电子工业出版社图书有缺损问题，请向购买书店调换。若书店售缺，请与本社发行部联系，联系及邮购电话：(010) 88254888，88258888。

质量投诉请发邮件至 zlts@phei.com.cn，盗版侵权举报请发邮件至 dbqq@phei.com.cn。
本书咨询联系方式：chenjd@phei.com.cn。

前言

如今是信息技术的时代,日新月异的信息技术促进了电子产品的快速发展。电子信息类企业为满足种类繁多的电子新产品市场需求,需要大量掌握 AutoCAD 制图技能的电子产品设计人才。本书立足于电子信息类企业技术技能型人才需求,选择计算机辅助绘图软件 AutoCAD 作为载体,主要介绍电子产品样板文件、电子产品基础制图、电子产品模块化制图和电子产品三维制图的方法与技巧。

本书将 AutoCAD 制图与电子产品设计相结合,着重培养和提升学生的 AutoCAD 制图能力。本书以电子产品设计文件的绘制为主脉络,通过多个来源于企业实际的电子产品设计项目,介绍 AutoCAD 制图的方法与技巧,注重 AutoCAD 制图实操能力与电子产品设计实践紧密结合。

本书的主要内容分布及参考学时如下。

项目	内容	参考学时
绪论 制图员的岗位能力要求	制图员岗位能力需求	1
项目 1 创建电子产品样板文件	知识准备	7
	创建明细表	
	创建和调用样板文件	
项目 2 电子产品基础制图	知识准备	14
	绘制零件图	
	绘制面板布置图	
	绘制三视图	
	绘制轴测图	
项目 3 电子产品模块化制图	知识准备	12
	绘制方框图	
	绘制接线图	
	绘制装配图	
	布局出图	
项目 4 电子产品三维制图	知识准备	10
	二维图形转换为三维实体	
	绘制三维实体	

本书由南京信息职业技术学院汪宁、王书旺主编和统稿。其中,汪宁编写第 1、3 项目,王书旺编写第 2、4 项目,南京润尔通智能科技有限公司高级工程师、教授刘建平参与教材

编写和审核工作。在编写过程中，得到了"国家职业教育教师教学创新团队项目""江苏省职业教育教师教学创新团队项目"（BZ150706）"国家级职业教育教师教学创新团队课题"（YB2020080102）和"物联网领域创新团队建设协作共同体"的支持，四川信息职业技术学院、伊犁丝路职业学院的多位教师为本书编写提供了帮助，在此一并表示感谢。

由于编者水平有限，书中如有错误或不妥之处，敬请读者批评指正。

为了方便教师教学，本书配有免费的微课视频、电子教学课件、练习题参考答案等立体化资源，有需要的教师扫描二维码后阅看或登录华信教育资源网免费注册后下载。若有问题，请在网站留言或与电子工业出版社联系。

编者

扫一扫看 AutoCAD 测验题库

扫一扫看 AutoCAD 测验题库答案

目 录

绪论　制图员的岗位能力要求 1

项目1　创建电子产品样板文件 2
  1.1　知识准备 3
    1.1.1　工作界面 3
    1.1.2　文件管理 7
    1.1.3　绘图环境设置 8
    1.1.4　图层 11
    1.1.5　平移与缩放 15
    1.1.6　辅助绘图工具 17
    1.1.7　文字标准化 21
    1.1.8　文字样式 22
    1.1.9　文本输入 24
    1.1.10　表格样式 26
    1.1.11　绘制表格 27
    1.1.12　图框 29
    1.1.13　标题栏 30
    1.1.14　创建及保存样板文件 31
    1.1.15　调用样板文件 32
  1.2　工作任务 32
    1.2.1　创建明细表 32
    1.2.2　创建和调用样板文件 36
  1.3　任务拓展知识 39
  思考与练习1 49

项目2　电子产品基础制图 50
  2.1　知识准备 50
    2.1.1　调用样板新建文件 50
    2.1.2　保存文件 51
    2.1.3　绘图比例标准 53
    2.1.4　点的绘制 54
    2.1.5　线的绘制 55
    2.1.6　绘制圆类图形 57
    2.1.7　绘制平面图形类命令 59
    2.1.8　绘制复杂线类命令 61
    2.1.9　图案填充命令 63

电子产品 AutoCAD 制图

- 2.1.10 选择、删除和恢复 ··················· 65
- 2.1.11 复制类命令 ··················· 68
- 2.1.12 改变位置类命令 ··················· 71
- 2.1.13 改变几何特性类命令 ··················· 73
- 2.1.14 精准绘图 ··················· 76
- 2.1.15 尺寸标注 ··················· 77
- 2.1.16 三视图 ··················· 85
- 2.2 工作任务 ··················· 86
  - 2.2.1 绘制零件图 ··················· 86
  - 2.2.2 绘制面板布置图 ··················· 90
  - 2.2.3 绘制三视图 ··················· 94
  - 2.2.4 绘制轴测图 ··················· 98
- 2.3 任务拓展知识 ··················· 102
- 思考与练习 2 ··················· 109

项目 3 电子产品模块化制图 ··················· 111
- 3.1 知识准备 ··················· 111
  - 3.1.1 图块及其属性 ··················· 111
  - 3.1.2 带属性的图块 ··················· 115
  - 3.1.3 外部参照 ··················· 119
  - 3.1.4 AutoCAD 设计中心 ··················· 121
  - 3.1.5 模型空间与图纸空间 ··················· 123
  - 3.1.6 平铺视口与浮动视口 ··················· 124
  - 3.1.7 页面设置 ··················· 125
  - 3.1.8 模型空间输出图形 ··················· 128
  - 3.1.9 图纸空间输出图形 ··················· 129
  - 3.1.10 转换为 PDF 文件 ··················· 131
  - 3.1.11 接线图 ··················· 132
  - 3.1.12 装配图 ··················· 133
- 3.2 工作任务 ··················· 134
  - 3.2.1 绘制方框图 ··················· 134
  - 3.2.2 绘制接线图 ··················· 137
  - 3.2.3 绘制装配图 ··················· 140
  - 3.2.4 布局出图 ··················· 143
- 3.3 任务拓展知识 ··················· 150
- 思考与练习 3 ··················· 157

项目 4 电子产品三维制图 ··················· 158
- 4.1 知识准备 ··················· 158
  - 4.1.1 三维建模工作界面 ··················· 158
  - 4.1.2 三维模型的分类 ··················· 159

	4.1.3 三维坐标系	160
	4.1.4 三维观察	163
	4.1.5 面域的创建与运算	167
	4.1.6 二维图形生成三维模型	169
	4.1.7 基本三维模型	172
	4.1.8 三维实体的编辑	176
	4.1.9 利用布尔运算创建复杂实体模型	179
	4.1.10 渲染	179
4.2	工作任务	185
	4.2.1 二维图形转换为三维实体	185
	4.2.2 绘制三维实体	189
4.3	任务拓展知识	193
思考与练习 4		196

绪论　制图员的岗位能力要求

　　制图员原指使用绘图仪器、绘图设备，根据工程或产品的设计方案要求绘制技术图样的人员。随着科学技术的发展，特别是计算机的普及，制图员手工绘图的工作逐渐被计算机辅助绘图软件替代，AutoCAD 是目前使用率最高的计算机辅助绘图软件。

　　电子产品设计中包含多种技术文件，主要分为两部分：一是原理图，包含电路原理框图、原理电路图、逻辑图、明细表和说明书等；二是工艺图，包含面板布置图、面板机械加工图、零件图、印制电路板图、机箱底板图、接线图和装配图等。其中，明细表、零件图、面板布置图、面板机械加工图、机箱底板图、接线图和装配图等都需要运用 AutoCAD 进行绘制，AutoCAD 制图能力已经成为电子信息类从业人员必须具备的岗位能力之一，不同等级对应的岗位能力如下表所示。

等级				岗位能力
技师	高级	中级	初级	掌握 AutoCAD 基本操作
				简单二维图形的绘制
				打印图纸
				设置图层
				辅助绘图功能的使用
				二维图形的绘制
				二维图形的编辑
				文字标注、尺寸标注
				图块的使用
				定义属性和编辑属性
				外部参照
				复杂二维图形的绘制
				三维绘图的基础
				三维模型的绘制与编辑

项目 1 创建电子产品样板文件

明细表（见图 1.1）用于说明在部件或整机装配时所需的零件、部件、整件等，以及在生产环节中所需的材料领取和发放的依据。电子产品设计中的每个环节都有其对应的明细表，往往需要将明细表制成样板文件，便于使用。

图 1.1　明细表

项目 1　创建电子产品样板文件

1.1 知识准备

扫一扫看工作界面教学课件

扫一扫看工作界面微课视频

1.1.1 工作界面

图 1.2 所示为 AutoCAD 2014，AutoCAD 是一款计算机辅助设计软件，自 20 世纪 80 年代推出以来，该软件至今已历经数十载，在这几十年的发展过程中，Autodesk 公司不断地对 AutoCAD 进行改进和提高，从最初的 AutoCAD 1.0 到如今 AutoCAD 2022 的推出，共经历多种版本的演变，其功能逐步增强、日趋完善。

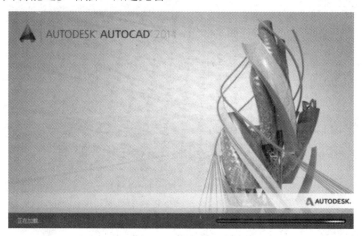

图 1.2　AutoCAD 2014

AutoCAD 是一款计算机辅助设计软件，目前其占有世界微机 CAD 市场份额 70%以上，全球用户高达 400 万。在中国，AutoCAD 已成为工程设计领域应用最为广泛的计算机辅助设计软件之一。

AutoCAD 2014 为用户提供了如下 4 种工作空间模式，如表 1.1 所示。

表 1.1　工作空间模式

序号	工作空间模式	用途
1	草图与注释	AutoCAD 的默认工作空间，多用于二维图形的绘制
2	三维基础	便于用户绘制简单的三维实体
3	三维建模	适用于创建三维实体
4	AutoCAD 经典	经典使用界面，使用率最高

用户单击快捷工具栏中所需的工作空间名称，即可完成对应工作空间的选取，如图 1.3 所示。下面以"AutoCAD 经典"界面为例进行介绍。

"AutoCAD 经典"界面由标题栏、菜单栏、工具栏、绘图区、文本窗口与命令行、状态栏、快捷菜单组成。

1. 标题栏

标题栏位于界面的最上面，可以显示当前文件名。第一次新建时，显示文件名"Drawing1.dwg"，保存后，显示命名文件名，如图 1.4 所示。单击标题栏右端的按钮，可以对程序窗口进行最小化、最大化或关闭操作。

电子产品 AutoCAD 制图

图 1.3 工作空间的选取

图 1.4 标题栏

2. 菜单栏

菜单栏位于标题栏的下方,主要由"文件""编辑""视图"等十二个菜单组成,均属于下拉式菜单。例如,单击"视图"菜单,在下拉菜单中显示"重画""重生成""缩放"等子菜单,单击"缩放"子菜单右侧的">",即可显示下一级子菜单,如图 1.5 所示。

注:若菜单是黑色的,则表示命令可用;若菜单是灰色的,则表示命令不可用,如图 1.6 所示。

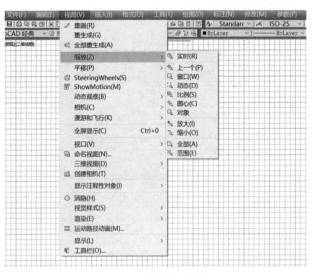

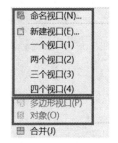

图 1.5 "视图"菜单   图 1.6 菜单状态

3. 工具栏

工具栏包含许多由图标表示的命令按钮。用户可以执行"工具"→"工具栏"→"AutoCAD"

命令，选取所需工具，也可以直接在工具栏空白处右击，在"AutoCAD"选项中选取，如图 1.7 所示。

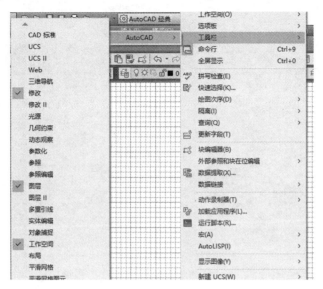

图 1.7 工具栏

4．绘图区

图 1.8 中的大片空白区域是 AutoCAD 的绘图区，位于工具栏下方，是用户完成绘图的工作区域，是整个工作界面的中心位置，占据了整个界面的绝大部分区域。

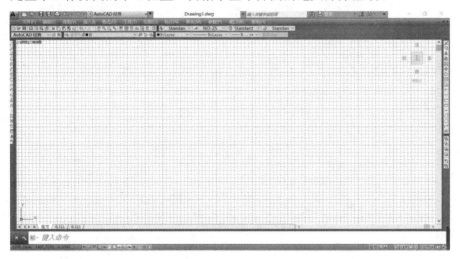

图 1.8 绘图区

绘图区的左下角放置着一个坐标系的图标，可以直观地表明当前坐标系的类型，当左下角图标只有 X、Y 时，表示当前坐标系是二维坐标系；当左下角图标为 X、Y、Z 时，表示当前坐标系是三维坐标系。坐标系图标中的箭头所指方向为绘图时的正方位。在一般情况下，AutoCAD 工作界面中的坐标系多为世界坐标系（WCS）。

绘图区的下方有"模型""布局 1""布局 2"标签卡，可用来控制绘图空间，在模型空间和图纸空间之间切换。通常，AutoCAD 2014 的绘图空间默认是模型空间，大部分绘图工作都

电子产品 AutoCAD 制图

是在模型空间中完成的。单击"布局1"或"布局2"标签卡可进入图纸空间,图纸空间主要用于设置图形打印输出前的布局。单击"模型"或"布局"标签卡可在模型空间和图纸空间之间切换,如图1.9所示。

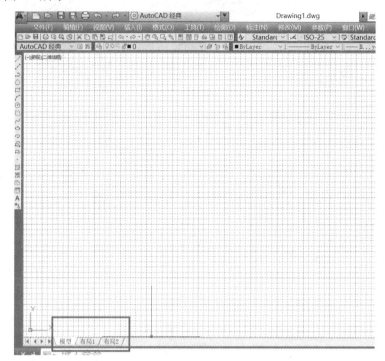

图1.9 控制绘图空间

5. 文本窗口与命令行

文本窗口在"模型""布局"标签卡下方,主要用于记录已执行的命令。一般窗口较小,可按键盘上的F2键,打开文本窗口,查看更多已执行的命令,再次按F2键,关闭该文本窗口,如图1.10所示。

命令行位于文本窗口下方,用于输入操作命令,将鼠标指针指向命令行的边框,利用双向箭头调整大小;拖动命令行使其变成浮动状态;也可以按Ctrl+9键来控制命令行的打开或关闭。

图1.10 文本窗口和命令行

6. 状态栏

状态栏用来显示 AutoCAD 当前的状态。状态栏中包含"捕捉""栅格""正交""极轴""对象捕捉""对象追踪"等功能按钮。这些按钮有两种工作状态,分别为蓝色和灰色。当按钮显示为蓝色时,处于打开状态;当按钮显示为灰色时,处于关闭状态。单击任一按钮,可打开或关闭相应的辅助工具。右击任一按钮,可以对其进行设置,也可在"图标"显示和"名称"显示两种方式之间切换,如图1.11所示。

7. 快捷菜单

在绘图区、工具栏、状态栏等处右击时，会弹出一个快捷菜单，如在绘图区右击显示如图 1.12 所示的快捷菜单。该菜单中的选项与 AutoCAD 当前状态相关。使用它们可以在不启动菜单栏的情况下快速、高效地完成某些操作。

图 1.11　状态栏　　　　　　　　　　　　　　图 1.12　快捷菜单

1.1.2 文件管理

在 AutoCAD 中，文件管理通常包含新建文件、打开文件、保存文件、关闭文件。

1. 新建文件

新建文件的 3 种常用方式如表 1.2 所示。

使用这 3 种方式启动"新建"命令后，打开"选择样板"对话框，如图 1.13 所示。用户可根据需要选择不同的样板。通常使用"acadiso.dwt"公制样板，选择样板后双击或单击对话框右下角的"打开"按钮，即可在窗口显示新建的文件。

表 1.2　新建文件的 3 种常用方式

序号	方式
1	执行"文件"→"新建"命令（见图 1.12）
2	在"标准"工具栏中单击"新建"按钮
3	在命令行中输入"NEW"

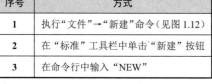

图 1.13　"选择样板"对话框

2. 打开文件

打开文件的 3 种常用方式如表 1.3 所示。

表 1.3 打开文件的 3 种常用方式

序号	方式
1	执行"文件"→"打开"命令
2	打开"选择文件"对话框（见图 1.14）
3	在对话框的右侧预览图像后，单击"打开"按钮

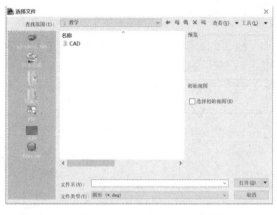

图 1.14 "选择文件"对话框

3. 保存文件

在 AutoCAD 中，可以使用 3 种常用方式保存文件（见表 1.4）。

注：在默认情况下，文件以".dwg"格式保存，也可以在"文件类型"下拉列表中选择其他格式，如 AutoCAD2013 图形（.dwg）、AutoCAD 图形样板文件（*.dwt）等。

在绘图过程中，为防止图形丢失，需要经常单击"保存"按钮，或者按 Ctrl+S 键，或者执行"选项"→"打开和保存"→"文件安全措施"→"自动保存"命令，如图 1.15 所示。

表 1.4 保存文件的 3 种常用方式

序号	方式
1	执行"文件"→"保存"命令
2	在"标准"工具栏中单击"保存"按钮
3	按 Ctrl+S 键

图 1.15 设置自动保存

1.1.3 绘图环境设置

绘图环境设置可以提高绘图效率，满足绘图者的个性化需求。

1. 绘图界面设置

执行步骤如下。

（1）执行"工具"→"选项"→"显示"命令，如图 1.16 所示。

扫一扫看绘图环境设置教学课件

项目1 创建电子产品样板文件

图1.16 "选项"对话框

（2）执行"窗口元素"→"颜色"→"图形窗口颜色"命令，如图1.17所示。

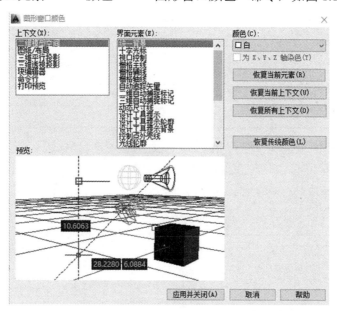

图1.17 "图形窗口颜色"对话框

（3）执行"背景"→"二维模型空间"→"界面元素"→"统一背景"→"颜色"→"白"命令，用户可在"预览"选区中预览所选颜色的背景效果。

（4）单击"应用并关闭"按钮，此时绘图窗口的背景被设置为白色。

2. 设置图形单位

在AutoCAD中，用户通常采用1:1的比例因子绘图，所有图形对象均以真实大小来绘制。AutoCAD中默认的图形单位是毫米，在绘制图形之前，用户可以根据需求自主设置图形单位，如图1.18所示。

3. 设置绘图边界

绘图边界就是图形界限，是指绘图只可以在指定绘图区域中进行。绘图边界通常按照具体图纸幅面尺寸进行设置。在制图中，图纸大小是有标准规范的。

图纸边界线围成的图面大小称为图纸幅面，为了规范统一，图纸幅面尺寸分为 5 类，分别用代号 A0～A4（见表 1.5）表示。图纸幅面属于制图技术标准。

5 种图纸幅面尺寸之间的关系如图 1.19 所示。任一号图纸幅面沿长边对折，即得到小一号图纸幅面。所设计对象的大小往往决定了幅面尺寸的选取，选择幅面的原则是在确保幅面布局合理和使用方便的前提下，尽量选用较小的幅面。

图 1.18 "图形单位"对话框

表 1.5 图纸幅面尺寸（单位：mm）

代号	幅面				
	A0	A1	A2	A3	A4
B×L	841×1189	594×841	420×594	297×420	210×297
a	25				
c	10			5	
e	20		10		

依据以上制图标准来进行绘图边界设置，一般有以下两种方式。

（1）执行"绘图"→"矩形"命令，在绘图区绘制一个符合图幅尺寸的矩形框。

（2）执行"图形界限"命令设置绘图边界。下面以"图形界限"命令为例，介绍设置绘图边界的步骤。

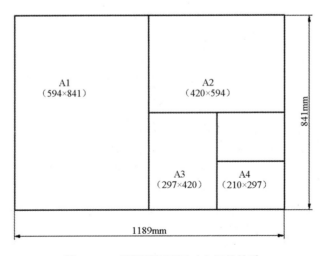

图 1.19　5 种图纸幅面尺寸之间的关系

① 执行"格式"→"图形界限"命令，或者在命令行中输入"LIMITS"。用户输入左下角点坐标，一般选择坐标原点作为左下角点，也可输入指定坐标，按 Enter 键确定，如图 1.20 所示。

② 输入右上角点，依据设置的绘图边界输入相应坐标。若图纸幅面尺寸为 A3，则此时输入坐标(420,297)，按 Enter 键确定，如图 1.21 所示。

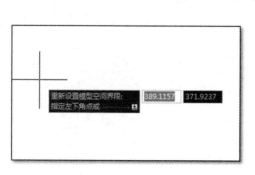
图 1.20 设置左下角点

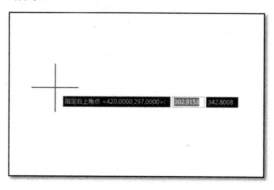
图 1.21 设置右上角点

③ 输入坐标后，单击状态栏中的"栅格"按钮，右击"栅格"，选择"设置"选项，取消勾选"显示超出界限栅格"复选框，双击鼠标滚轴，就可以看到你设置的绘图边界了，如图 1.22 所示。

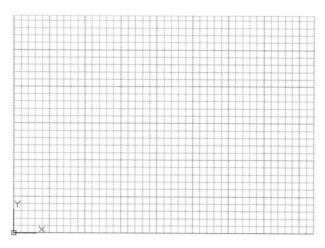
图 1.22 栅格显示绘图边界

1.1.4 图层

在 AutoCAD 制图工作开始之前，我们需要预先创建图层，那么什么是图层呢？

图层就如同一张张透明的玻璃纸，我们在每张玻璃纸上分别画上颜色、线型、线宽不同的图形，将所有的玻璃纸重叠，即可构成一张完整的图形。

对图层来说，常用的特性主要是颜色、线型、线宽，且每个图层只能设置一种颜色、线型、线宽，若要完成多种特性构成的图形，则需要创建多个图层。

在电子产品设计中，AutoCAD 制图通常会创建粗实线、细实线、中心线、尺寸标注等图层。在企业标准化图纸中，往往将图层创建于样板文件中，绘图时直接调用即可，也可以根

据工作需求在样板文件图层的基础上创建图层。

用户可用不同图层对图形对象、文字、标注等进行管理，方便控制对象的显示和编辑，从而提高绘制复杂图形的效率和准确性。

1．图层特性管理器

用户利用图层特性管理器可以很方便地创建图层，设置其基本属性。

执行"格式"→"图层"命令，打开"图层特性管理器"对话框，如图 1.23 所示。

图 1.23　"图层特性管理器"对话框

2．创建新图层

打开"图层特性管理器"对话框时，在图层列表中已经存在一个名称为"0"的图层，这一图层是 AutoCAD 系统自动生成的图层，图层 0 的颜色被指定为白色（白与黑是相对的颜色，由背景色决定），线型指定为"Continuous"，线宽为"默认"，打印样式设定为"color 7"。图层 0 是一个特殊的图层，用户不能将其删除或给它重新命名。

注：在实际绘图过程中，通常不在图层 0 上绘图。

在"图层特性管理器"对话框中单击"新建图层"按钮，可以创建一个名称为"图层 1"的新图层。新图层的颜色、线型、线宽等特性设置与当前图层相同。用户通常在绘图前依据《制图技术标准》来创建图层。

3．管理图层

在"图层特性管理器"对话框中还可以进行图层的切换、重命名、删除及显示等控制。

1）切换

制图时新建多个图层，不同的图形对象绘制在不同的图层上，工作时需要在不同的图层之间切换。若需要在"粗实线"图层上绘制图形，则需要将"粗实线"图层设置为当前图层，设置为当前图层的方法有如下两种。

（1）在"图层特性管理器"对话框中找到"粗实线"图层，双击此图层前面的图标，将其设置为"√"，此时该图层为当前图层，如图 1.24 所示。

项目 1　创建电子产品样板文件

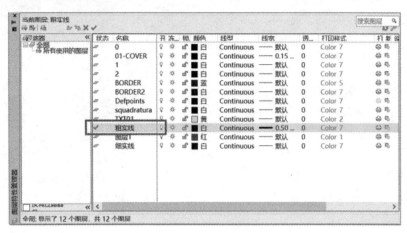

图 1.24　当前图层

（2）在"图层控制"工具栏中选中所需图层，将其设置为工具栏可见状态，即可将该图层设置为当前图层，如图 1.25 所示。

图 1.25　工具栏显示"当前图层"

2）重命名

创建新图层后，若需要更改图层名称，则可在图层列表框中，单击该图层名称，输入一个新名称并按 Enter 键即可。

注：系统自动生成的图层 0 和图层 Defpoints 不可以被重命名。

3）删除

选中需要删除的图层，单击图标，即可删除该图层。

以下图层不能被删除：

（1）图层 0 和图层 Defpoints。
（2）当前图层。
（3）包含图形对象的图层。
（4）依赖外部参照的图层。

4）显示

图层显示的内容如表 1.6 所示。

表 1.6　图层显示的内容

图标	特性	用途
	打开 / 关闭	打开时，图形对象可见；关闭时，图形对象不可见，不能被编辑或打印。图形对象重新生成时，被关闭的图层将一起被生成
	冻结 / 解冻	冻结时，图形对象将不能被显示、打印或重新生成
	锁定 / 解锁	锁定时，图形对象不能被编辑和选择。可以查看、捕捉此图层上的对象，可在此图层上绘制新的图形对象
	打印 / 不打印	指定为不打印时，图形对象可见，不能打印

4. 图层颜色

电子产品制图时，一般依据《制图技术标准》来设置图层颜色，制图员一般会根据标准和制图习惯设置颜色。对于不同的图层可以设置相同的颜色，也可以设置不同的颜色，用于绘制复杂图形时，区分图形的各部分。

要改变图层的颜色，可在"图层特性管理器"对话框中单击"颜色"列表中对应的颜色图框，"选择颜色"对话框如图1.26所示。

5. 线型

1）图线标准

在制图标准中，对于图线进行规范化，如表1.7所示。电子产品制图时，需要预先设置图层。设置图层时，图线标准需要考虑在内。

图1.26 "选择颜色"对话框

表1.7 常用图线的型式、宽度和一般应用

图线名称	图线型式	图线宽度	一般应用
粗实线	——————	b	可见轮廓线
细实线	——————	约 $b/2$	尺寸线、辅助线
细虚线	- - - - - -	约 $b/2$	不可见轮廓线
粗虚线	— — — —	b	允许表面处理的表示线
细点画线	— · — · —	约 $b/2$	轴线、对称中心线
粗点画线	— · — · —	b	有特殊要求线
双点画线	— ·· — ·· —	约 $b/2$	相邻辅助零件的轮廓线

2）设置图层线型

图层线型一般依据图线标准设置。在默认情况下，图层的线型设置为"Continuous"。

要改变线型，可在"图层特性管理器"对话框的"图层"列表中，单击"线型"名称，打开"选择线型"对话框，如图1.27所示，在"已加载的线型"列表框中选择一种线型，单击"确定"按钮。

3）加载线型

如果"已加载的线型"列表框中没有需要的线型，那么可单击下方的"加载"按钮，打开"加载或重载线型"对话框，即可在当前线型库中，选择需要加载的线型，如图1.28所示。

6. 线宽

（1）执行"格式"→"线宽"命令，打开"线宽"对话框，如图1.29所示。

（2）在"图层特性管理器"对话框的"线宽"列表中单击该图层对应的线宽图标，打开"线宽设置"对话框，如图1.30所示。

项目1 创建电子产品样板文件

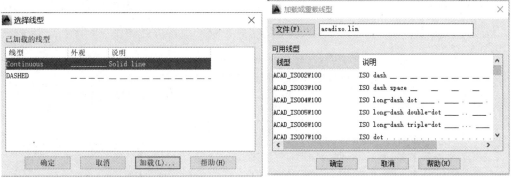

图 1.27 "选择线型"对话框　　　　图 1.28 "加载或重载线型"对话框

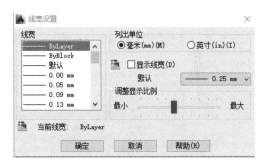

图 1.29 "线宽"对话框　　　　图 1.30 "线宽设置"对话框

1.1.5 平移与缩放

这里的平移与缩放只是视觉意义上的移动与缩放，并未改变图形的实际位置和尺寸。

扫一扫看平移与缩放微课视频

扫一扫看平移与缩放教学课件

1. 平移

AutoCAD 为用户提供了多种平移命令，如图 1.31 所示。

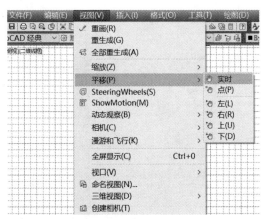

图 1.31 平移命令

15

1）实时

"实时"是绘图中使用频率很高的命令，实时平移的执行方式如表1.8所示。

表1.8 实时平移的执行方式

序号	方式
1	执行"视图"→"平移"→"实时"命令
2	单击"标准"工具栏中的"实时平移"按钮
3	在命令行中输入"PAN"
4	按住鼠标滚轴不放，可以实时执行"实时平移"命令

2）点

执行"视图"→"平移"→"点"命令，可以通过指定基点和位移数值来平移视图。

2. 缩放

在绘制图形的局部细节时，需要使用缩放工具放大该绘图区域；绘制完成后，使用缩放工具缩小图形来观察图形的整体效果。

1）"缩放"菜单

执行"视图"→"缩放"命令，如图1.32所示。

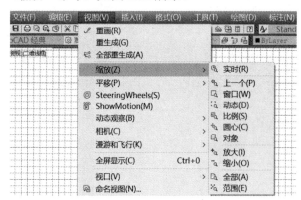

图1.32 缩放命令

2）"缩放"工具栏

"缩放"工具栏如图1.33所示。

图1.33 "缩放"工具栏

3）实时

"实时"是最常用的缩放命令。其执行方式有3种，如表1.9所示。

表1.9 实时缩放的执行方式

序号	方式
1	执行"视图"→"缩放"→"实时"命令

续表

序号	方式
2	单击"标准"工具栏上的"实时缩放"按钮
3	滚动鼠标滚轴进行实时放大和缩小（推荐）

1.1.6 辅助绘图工具

扫一扫看辅助绘图工具教学课件

AutoCAD 为用户提供了捕捉、对象捕捉、对象追踪等功能，帮助用户快速、精确地绘制图形。

扫一扫看辅助绘图工具微课视频

1．捕捉和栅格

1）打开或关闭捕捉和栅格

捕捉用于设定光标移动的间距，栅格如同坐标纸，利于用户直观地观察距离和位置。捕捉和栅格的执行方式如表 1.10 所示。

表 1.10　捕捉和栅格的执行方式

名称	序号	执行方式
捕捉	1	在状态栏中单击"捕捉"按钮
	2	按 F9 键打开或关闭捕捉
	3	执行"工具"→"绘图设置"命令，在"捕捉和栅格"选项卡中勾选或取消勾选"启用捕捉"复选框
栅格	1	在状态栏中单击"栅格"按钮
	2	按 F7 键打开或关闭栅格
	3	执行"工具"→"绘图设置"命令，在"捕捉和栅格"选项卡中勾选或取消勾选"启用栅格"复选框

2）设置捕捉和栅格参数

利用"草图设置"对话框中的"捕捉和栅格"选项卡，可以设置捕捉和栅格的相关参数，如图 1.34 所示。

图 1.34　"捕捉和栅格"选项卡

2. 正交

在绘图过程中,正交是使用频率很高的功能之一。在正交模式下,用户可以方便地绘出水平直线或垂直直线。正交的打开或关闭有以下两种方式。

(1)在状态栏中单击"正交"按钮。

(2)按 F8 键。

3. 对象捕捉

在绘图过程中,经常要指定一些对象上的点,如端点、中点和圆心等。通过对象捕捉模式,可以帮助用户将光标快速、准确地定位在所需对象的特定位置或几何特征点上,从而大大提高绘图效率。

1)打开方式

对象捕捉的执行方式如表 1.11 所示。

表 1.11 对象捕捉的执行方式

序号	执行方式
1	在状态栏中单击"对象捕捉"按钮
2	按 F3 键打开或关闭对象捕捉
3	执行"工具"→"绘图设置"命令,在"对象捕捉"选项卡中勾选或取消勾选"启用对象捕捉"复选框

2)设置对象捕捉模式

(1)鼠标指针指向状态栏中的"对象捕捉"按钮,右击,选择"设置"选项。

(2)执行"工具"→"绘图设置"→"对象捕捉"命令。

通过以上两种方式,即可打开"对象捕捉"选项卡,如图 1.35 所示。

图 1.35 "对象捕捉"选项卡

4．极轴追踪与对象捕捉追踪

1）极轴追踪

极轴追踪是按预先设定的增量角来追踪特征点。用户可根据需求设定增量角。极轴追踪和对象捕捉追踪必须同时使用，但极轴追踪和正交不可同时使用。

（1）极轴追踪的执行方式如表 1.12 所示。

表 1.12　极轴追踪的执行方式

序号	执行方式
1	在状态栏中，单击"极轴追踪"按钮
2	按 F10 键打开或关闭极轴追踪
3	执行"工具"→"绘图设置"命令，在"极轴追踪"选项卡中勾选或取消勾选"启用极轴追踪"复选框

（2）设置增量角，如图 1.36 所示。

图 1.36　设置增量角

2）对象捕捉追踪

对象捕捉追踪是按照与对象的某种特定关系来追踪。对象捕捉追踪往往与对象捕捉功能结合使用。

（1）对象捕捉追踪的执行方式如表 1.13 所示。

表 1.13　对象捕捉追踪的执行方式

序号	执行方式
1	在状态栏中单击"对象捕捉追踪"按钮
2	按 F11 键打开或关闭对象捕捉追踪
3	执行"工具"→"绘图设置"命令，在"对象捕捉"选项卡中勾选或取消勾选"启用对象捕捉追踪"复选框

电子产品 AutoCAD 制图

（2）设置自动捕捉功能，在"绘图"选项卡的"自动捕捉设置"选区中进行设置，如图 1.37 所示。

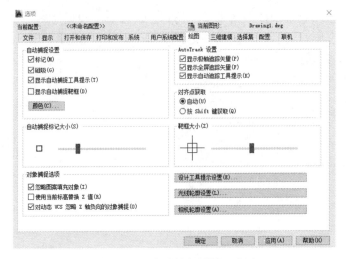

图 1.37　"自动捕捉设置"选区

5．动态输入

动态输入由指针输入、标注输入和动态提示 3 部分组成。其执行方式有以下 3 种（见表 1.14）。

表 1.14　动态输入的执行方式

序号	执行方式
1	在状态栏中单击"动态输入"按钮
2	按 F12 键打开或关闭动态输入
3	执行"工具"→"绘图设置"命令，在"动态输入"选项卡中对指针输入、标注输入和动态提示进行设置

"动态输入"选项卡如图 1.38 所示。

图 1.38　"动态输入"选项卡

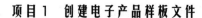

6．辅助绘图工具快捷键汇总

表 1.15 所示为辅助绘图工具快捷键汇总表。

表 1.15 辅助绘图工具快捷键汇总表

快捷键	名称
F1	帮助
F2	文本窗口
F3	对象捕捉
F4	数字化仪控制
F5	等轴测平面切换
F6	动态 UCS
F7	栅格
F8	正交
F9	捕捉
F10	极轴追踪
F11	对象捕捉追踪
F12	动态输入

1.1.7 文字标准化

工程图纸是工程技术的通用"语言"，是工程技术文件中包含的重要文件之一。为便于技术交流，所绘制的工程图纸必须遵守一定的标准，即国家制图标准和专业的相关标准。

1．技术标准

关于工程制图的相关国家标准和规范很多，大致可分为两大类。

1）国家标准

国家标准《技术制图》（GB/T 14689~14691—1993、GB/T 16675.2—1996）等，属于基础技术标准，也就是统一、通用的标准，适用于各个行业。

2）行业技术标准

行业技术标准《机械制图》《电气制图》等，针对特定行业。

无论是国家标准还是行业技术标准，国家均将其规定为 GB、GB/T，属于应严格执行的标准，GB/Z 则是国家标准化指导性技术文件，是国家标准的补充，仅供参考。

对于 CAD 制图，国家质量技术监督局于 2000 年 10 月 17 日发布了《CAD 工程制图规则》（GB/T 18229—2000）。明细表作为电子产品技术文件之一，也必须遵守相关技术标准。

2．文字标准

国家技术制图标准 GB/T14691—1993 中规定，在图样和技术文件中书写的汉字、数字和字母，都必须做到字体工整、笔画清楚、间隔均匀、排列整齐，文字标准如表 1.16 所示。

表 1.16 文字标准

文字	要求
汉字	字高不小于 3.5mm，字宽一般为 0.7h（h 表示字高）
数字和字母	A 字型的笔画宽度为高度的 1/14
	B 字型的笔画宽度则是高度的 1/10

字体常见的高度为：1.7、2.5、3.5、5、7、10、14、20，单位为 mm。用户可按照比率递增，设置字高。不同图幅上对应的最小字符高度如表 1.17 所示。

表 1.17 不同图幅上对应的最小字符高度（单位：mm）

字符高度	图幅				
	A0	A1	A2	A3	A4
汉字	5	5	3.5	3.5	3.5
数字和字母	3.5	3.5	2.5	2.5	2.5

注：在同一张图纸上，只允许使用同种形式的字体。

在《CAD 工程制图规则》（GB/T 18229—2000）中则规定，字体与图幅之间的关系如表 1.18 所示。

表 1.18 字体与图幅之间的关系（单位：mm）

字体	图幅				
	A0	A1	A2	A3	A4
数字和字母	3.5				
汉字	5				

1.1.8 文字样式

在进行文本标注之前，应先对文字样式进行设置。文字样式包括文字"字体""字型""高度""宽度"等参数。

扫一扫看文字样式微课视频

文字样式的执行方式，如表 1.19 所示。

表 1.19 文字样式的执行方式

序号	执行方式
1	执行"格式"→"文字样式"命令
2	单击"样式"工具栏上的"文字样式管理器"按钮
3	在命令行中输入"STYLE"

执行"文字样式"命令后，打开"文字样式"对话框，如图 1.39 所示。

图 1.39 "文字样式"对话框

1．设置文字样式名

"文字样式"对话框中包含样式、字体名、字体样式、高度、宽度因子等内容。

（1）"样式"列表：列出当前可以使用的文字样式，默认文字样式为"Standard"，如图 1.40 所示。

（2）"新建"按钮：单击该按钮打开"新建文字样式"对话框。

在"样式名"文本框中，输入样式名，单击"确定"按钮可以新建文字样式，如图 1.41

所示，该样式将显示在"样式"列表中。

（3）"删除"按钮：单击该按钮可以删除文字样式。

注：无法删除已经使用的文字样式和默认文字样式。

2. 设置字体

在"文字样式"对话框中，可以在"字体名"下拉列表中选择字体，如图1.42所示。

图1.40 "样式"列表

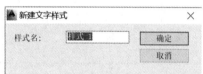

图1.41 新建文字样式

图1.42 "字体名"下拉列表

在"字体名"下拉列表中，AutoCAD提供了两个字体库，如表1.20所示。

表1.20 字体库

字体库	TTF	SHX
来源	Windows系统	AutoCAD专用
常用字体	gbenor.shx、gbeitc.shx和gbcbig.shx	仿宋体GB2312及宋体

在"字体名"下拉列表下方有 ☐使用大字体(U) 复选框，大字体是专为亚洲国家使用的语言设计的。

注：在一般情况下，应先将高度设为0，标注文字时再根据需要指定高度。

3. 设置文字效果

在"文字样式"对话框中，勾选"效果"选区中的复选框可以设置文字的颠倒、反向、垂直显示效果，如图1.43所示。具体设置要求如表1.21所示。

表1.21 文字效果设置要求

选项	设置要求	效果
宽度因子	小于1	字符变窄
	大于1	字符变宽
倾斜角度	角度为0°	不倾斜
	角度为正值	向右倾斜
	角度为负值	向左倾斜

注：在中文输入时，通常将"宽度因子"设置为0.7。

图1.43 文字效果

1.1.9 文本输入

扫一扫看文本输入微课视频

对于字数较少的简短内容，可以创建单行文字。单行文字是一个独立的对象，可进行重定位、调整格式或其他修改。

1．单行文字输入

单行文字输入的操作步骤如表 1.22 所示。

表 1.22　单行文字输入的操作步骤

步骤	操作内容
1	执行"绘图"→"文字"→"单行文字"命令
2	指定文字的起点（可用坐标，也可直接单击鼠标左键）
3	指定文字高度
4	指定文字的旋转角度 （文字旋转角度是指文字行排列方向与水平线的夹角）
5	输入文字内容

2．单行文字对正

操作步骤如下。
（1）执行"绘图"→"文字"→"单行文字"命令。
（2）对正（用于确定文本的对正方式，对正方式决定了插入点与文本的哪一部分对正）。

3．编辑单行文字

可单独对单行文字的内容、缩放比例及对正方式进行编辑。执行"修改"→"对象"→"文字"命令，如图 1.44 所示。"文字"子菜单中包含如下命令（见表 1.23）。

表 1.23　"文字"子菜单中的命令

命令	用途
编辑	选取文字，进入文字编辑状态，即可重新输入文本内容
比例	选取文字，输入缩放的基点，以及指定新高度、匹配对象或缩放比例
对正	选取需要编辑的单行文字，重新设置文字的对正方式

图 1.44　编辑单行文字

4．文字控制符

在绘图过程中，有时需要标注一些特殊的字符，如度数（°）、±、φ 等符号。AutoCAD 提供了相应的控制码，以实现这些特殊符号标注的要求，如表 1.24 所示。

表 1.24　常用控制码

符号	功能	符号	功能
%%O	上画线	\U+2082	下标
%%U	下画线	\U+0278	电相位
%%d	度数（°）	\U+0394	差值
%%p	正负号（±）	\U+00B2	平方
%%c	直径（φ）	\U+E100	边界线
%%%	百分号（%）	\U+E102	界碑线
\U+2104	中心线	\U+E107	流线
\U+2248	几乎相等	\U+214A	地界线
\U+2220	角度	\U+03A9	欧米加
\U+2126	欧姆	\U+2261	标识
\U+2260	不相等		

注：在 AutoCAD 的控制码中，符号第 1 次输入时，表示打开；第 2 次输入时，表示关闭。

5．创建多行文字

当需要标注的文字的内容较长、较复杂时，可以使用多行文字进行文字标注。同一个多行文字框中创建的所有文字是一个整体，用户可以对其进行整体选择、移动、复制、旋转和删除等操作。

多行文字的操作步骤如下。

（1）执行"绘图"→"文字"→"多行文字"命令。

（2）在绘图窗口中，指定一点，并向下方拖动鼠标指针绘制出一个矩形框（见图 1.45），矩形框就是文字输入框，同时弹出"文字格式"工具栏，可利用它设置多行文字的样式、字体及大小等属性。

图 1.45　矩形框

6．"文字格式"工具栏

"文字格式"工具栏如图 1.46 所示，其使用方法同 Word 文档的编辑一样，可以设置文字样式、文字字体、文字高度、加粗等效果。

7．编辑多行文字

编辑多行文字的操作步骤如表 1.25 所示。

电子产品 AutoCAD 制图

图 1.46 "文字格式"工具栏

表 1.25 编辑多行文字的操作步骤

命令	操作步骤
修改	执行"修改"→"对象"→"文字"→"编辑"命令
编辑多行文字窗口	在多行文字窗口中,选中需要编辑的文字,利用窗口上方的"文字格式"工具栏进行编辑

1.1.10 表格样式

1. 创建新的表格样式

 扫一扫看表格样式

 扫一扫看表格样式微课视频

创建新的表格样式操作步骤如表 1.26 所示。

表 1.26 创建新的表格样式操作步骤

序号	操作步骤
1	执行"格式"→"表格样式"命令
2	"表格样式"对话框如图 1.47 所示,单击"新建"按钮
3	在"创建新的表格样式"对话框中,创建新的表格样式

在"新样式名"文本框中输入新的表格样式名,如图 1.48 所示,在"基础样式"下拉列表中选择默认的表格样式,新的表格样式将在该样式的基础上进行修改。

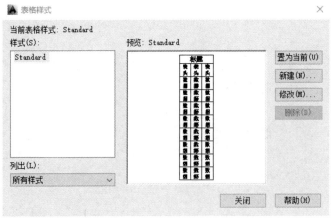

图 1.47 "表格样式"对话框　　　　图 1.48 "新样式名"文本框

2. 设置表格样式

在"新建表格样式"对话框中,可以使用"数据""表头""标题"分别进行设置。对应的选项卡分别有常规、文字和边框,如图 1.49 所示。

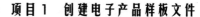

项目1 创建电子产品样板文件

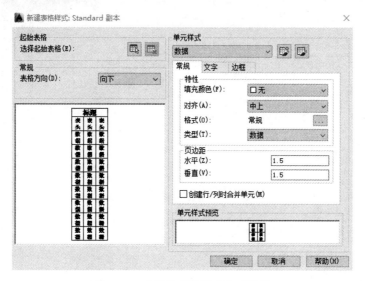

图1.49 "新建表格样式"对话框

1.1.11 绘制表格

扫一扫看绘制表格微课视频

1. 利用直线命令创建表格

在企业的电子产品技术文件中，明细表有时利用二维图形绘制中的直线命令来完成。
两点确定一条直线，这两点就是直线的起点和终点。

执行"直线"命令的方法如下。
（1）执行"绘图"→"直线"命令。
（2）单击"绘图"工具栏中的"直线"按钮。
（3）在命令行中输入"LINE"。

启用绘制直线命令，用鼠标指针在绘图区内单击一点作为直线的起点，移动鼠标指针，在用户想要的位置再次单击，作为直线的终点，或者在如图1.50所示的数据框中输入指定的长度数据，也可完成指定直线的绘制，按ESC键退出绘制直线命令，否则可继续进行直线绘制。

图1.50 绘制直线

利用直线命令依据如图1.51所示的尺寸，绘制明细表，绘图时可以打开"正交"辅助绘图，如图1.52所示。

2. 利用表格命令创建表格

1）创建表格操作格式
（1）执行"绘图"→"表格"命令。
（2）打开"插入表格"对话框，如图1.53所示。
在"插入表格"对话框中对插入方式、列数、数据行数、列宽和行高等参数进行设置。

2）编辑表格
从表格的快捷菜单中可以对表格进行剪切、复制、删除、移动、缩放和旋转等简单操作，还可以均匀调整表格的行、列大小，删除所有特性替代。

图 1.51 明细表　　　　　　　　图 1.52 绘制明细表

图 1.53 "插入表格"对话框

用窗口框选整张表格后，在表格上会显示许多夹点，通过拖动这些夹点来编辑表格。每个夹点的功能如图 1.54 所示。

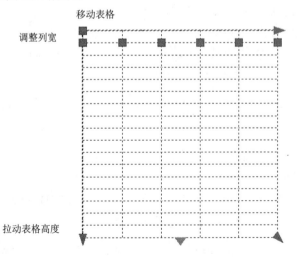

图 1.54 夹点的功能

项目 1　创建电子产品样板文件

3）编辑表格单元

表格编辑工具栏如图 1.55 所示。通过使用表格编辑工具栏，可以删除多余的行或列、合并单元格、设置边框、填充等。

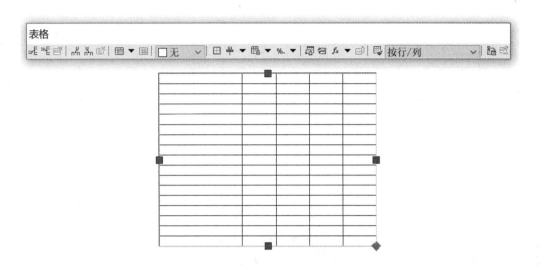

图 1.55　表格编辑工具栏

1.1.12　图框

扫一扫看图框、标题栏微课视频

制图中使用的图纸是标准化图纸，国家制图技术标准 GB/T14689—2008 对其进行了明确规定。图纸由图纸边界线、图框线、标题栏等组成。在图纸上必须用粗实线画出图框，图框格式分为不留装订线边和留装订线边两种。横向图纸为 X 型图纸，纵向图纸为 Y 型图纸，如图 1.56 和图 1.57 所示。图中图框的周边尺寸 a、c、e 的具体数值如表 1.27 所示。

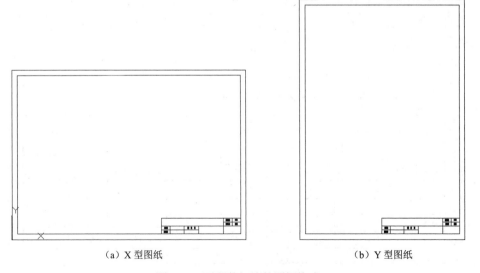

（a）X 型图纸　　　　　　　　（b）Y 型图纸

图 1.56　不留装订边的图框格式

电子产品 AutoCAD 制图

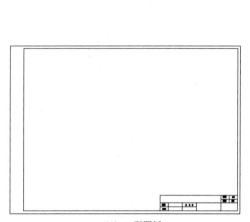
(a) X 型图纸

(b) Y 型图纸

图 1.57　留装订边的图框格式

表 1.27　图纸幅面及图框尺寸（单位：mm）

代号	幅面				
	A0	A1	A2	A3	A4
B×L	841×1189	594×841	420×594	297×420	210×297
a	25				
c	10			5	
e	20		10		

1.1.13　标题栏

每张图纸都必须画出标题栏，位置位于图纸的右下角。标题栏是用于确定图样名称、图号、张次、更改和会签栏等内容的栏目。看图的方向一般与标题栏中文字的方向一致。标题栏一般有通用标题栏、作业标题栏、企业标题栏等形式。图 1.58 所示为国内工程通用标题栏，作业标题栏如图 1.59 所示。

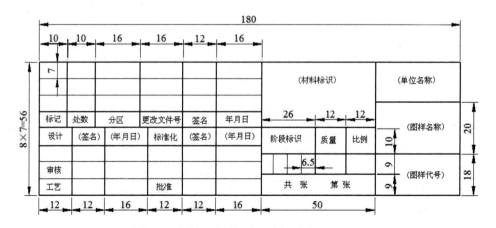

图 1.58　国内工程通用标题栏（单位：mm）

项目 1　创建电子产品样板文件

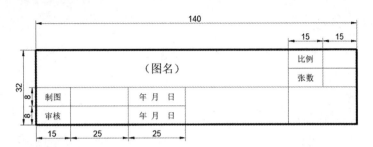

图 1.59　作业标题栏（单位：mm）

1.1.14　创建及保存样板文件

扫一扫看创建及保存样板文件

在实际工作中，为了提高工作效率，使制图规范化，往往会创建样板文件，当绘制图样时，只需要调用样板文件。

扫一扫看创建及保存样板文件微课视频

1．创建样板文件

创建样板文件需要进行以下几方面的设置。

1）基本设置

（1）绘图单位设置。

（2）图幅设置。

（3）创建图层（设置线型、颜色、线宽、线型比例等）。

（4）创建图框和标题栏。

2）注释样式设置

（1）尺寸标注样式设置。

（2）文本样式设置。

2．保存样板文件

创建完样板文件后，单击"保存"按钮，弹出如图 1.60 所示的对话框，在"文件类型"下拉列表中选择"AutoCAD 图形样板（*.dwt）"选项。

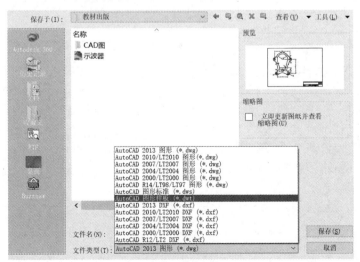

图 1.60　保存样板文件

31

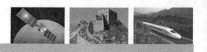

1.1.15　调用样板文件

执行“文件”→“新建”命令，打开“选择样板”对话框，选择“作业样板”选项，新建自动套用样板文件，创建新文件，如图 1.61 所示。

图 1.61　“选择样板”对话框

1.2　工作任务

1.2.1　创建明细表

1．任务目标

（1）熟悉 AutoCAD 2014 的二维工作界面。

（2）掌握工作环境设置的方法。

（3）掌握文字输入的方法。

（4）掌握创建表格的方法。

2．任务内容

绘制某电子产品明细表，如图 1.62 所示。

3．任务实施

1）绘制图形界限

为明细表绘制一个图形界限，要求幅面为 A4，尺寸为 210mm×297mm。

具体操作步骤如下。

（1）在命令行中输入“LIMITS”。

（2）指定左下角点（一般默认为坐标原点）。

（3）在命令行中输入右上角点：210,297。

16				
15				
14	NJHT-002-203	自动交换面板组件	1	
13				
12				
11	GB/T848-1985	垫圈 2.5	3	D.L₁(Nᵢ)
10				
9	GB/T818-1985	螺钉 M2.5×6	3	D.L₁(Nᵢ)
8				
7	GKA8.817.149	标签 （英文）	1	
6	GKA8.817.141	标签	1	
5				
4	GKA8.634.016	屏蔽板	1	
3	GKA7.840.049	绝缘板	1	
2				
1	GKA2.114.064MX	自动交换板	1	
序号	代　号	名　　称	数量	备 注

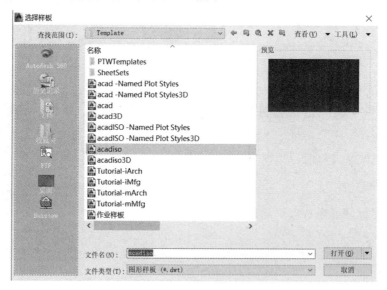

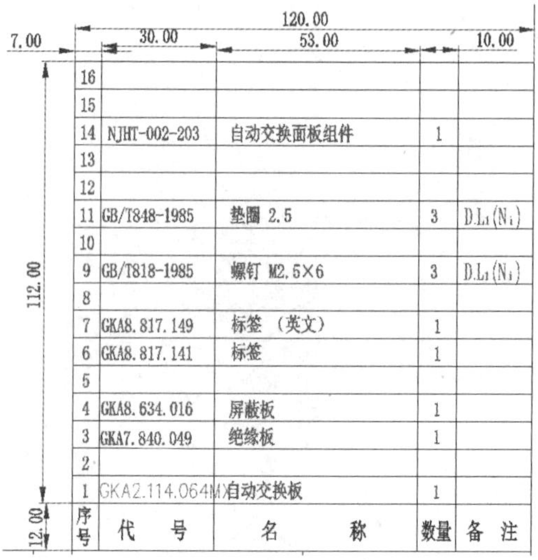

图 1.62　某电子产品明细表

（4）右击"栅格"按钮，选择"设置"选项，取消勾选"显示超出界限的栅格"复选框，如图 1.63 所示。

（5）双击滚轴，绘制图形界限如图 1.64 所示。

图 1.63　设置栅格

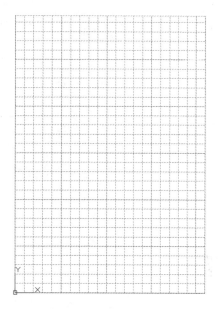

图 1.64　绘制图形界限

2）创建文字样式

创建"工程字体"文字样式，要求如下。

（1）字体为宋体。

（2）字高设为 3.5mm。

（3）宽度因子设为 0.7。

完成后如图 1.65 所示。

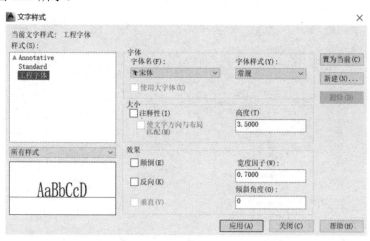

图 1.65　创建"工程字体"文字样式

3）创建表格样式

（1）单击"新建"按钮，设置"新样式名"为"工程"，如图 1.66 所示。

电子产品 AutoCAD 制图

图 1.66 "工程"表格样式

（2）在"常规"选项卡下设置"对齐"为"正中"，如图 1.67 所示。

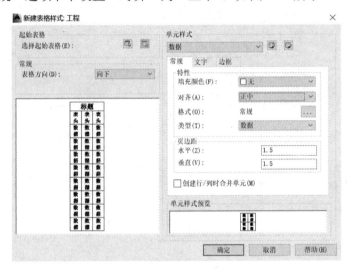

图 1.67 设置"对正"

（3）在"文字"选项卡下设置"文字样式"为"工程字体"，如图 1.68 所示。

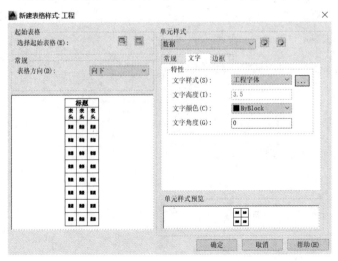

图 1.68 设置"文字样式"

项目1　创建电子产品样板文件

4）创建表格

（1）执行"绘图"→"表格"命令。

（2）设置5列，17行。

（3）在绘图区插入创建的表格。

（4）由于创建的表格自动添加了表头行和标题行，所以需要删除多余的行。

创建空白表格如图1.69所示。

5）编辑表格

选中整张表格，右击，在弹出的快捷菜单中选择"特性"选项，打开"特性"对话框，在其中进行对应参数的设置，如图1.70所示。

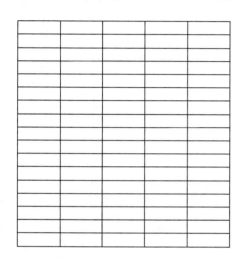

图1.69　创建空白表格

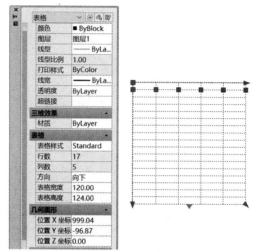

图1.70　设置表格参数

6）在表格中输入文字

双击表格中的单元格，完成文字输入，如图1.71所示。

图1.71　在表格中输入文字

35

1.2.2　创建和调用样板文件

1．任务目标

（1）掌握图层设置的方法。
（2）熟练绘制图框和标题栏。
（3）熟练掌握创建和调用样板文件的方法。

2．任务内容

创建作业样板文件，如图 1.72 所示。

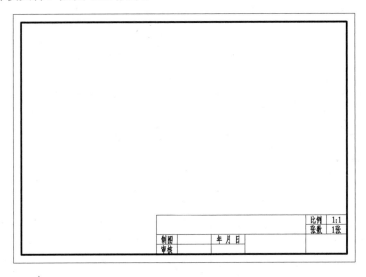

图 1.72　创建作业样板文件

3．任务实施

1）设置图层

（1）执行"格式"→"图层"命令，打开"图层特性管理器"对话框，新建图层如表 1.28 所示。

表 1.28　新建图层

图层名	颜色	线型	线宽
粗实线	白色	Continuous	0.5
细实线	白色	Continuous	0.25
辅助线	红色	Center	0.25
尺寸标注	青色	Continuous	0.25

（2）新建后，得到如图 1.73 所示的图层。

2）绘制图幅

图 1.72 作业样板文件中图纸的图幅是 A3，尺寸是 420mm×297mm。

（1）选择"细实线"图层为当前图层。
（2）执行"绘图"→"矩形"命令。

项目1 创建电子产品样板文件

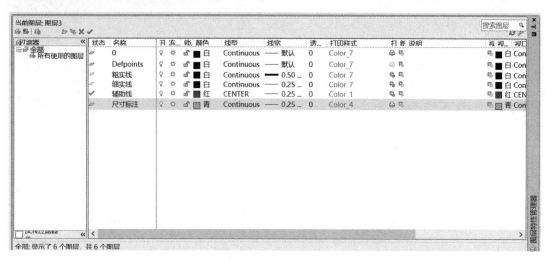

图 1.73 创建新图层

（3）指定第一个点，指定第二个对角点，输入(420,297)，绘制出如图 1.74 所示的 A3 图纸。

3）绘制图框

在图 1.72 中，选取的是不留装订边的图框，对 A3 图纸而言，不留装订边的图框的尺寸是四边边距，都是 10mm。

（1）将"粗实线"图层设置为当前图层。

（2）执行"工具"→"新建 UCS"→"原点"命令，选择图纸的左下角点，将其设置为新的坐标原点。

（3）执行"绘图"→"矩形"命令，分别输入第一个点(10,10)，第二个对角点(@400,277)。绘制图框如图 1.75 所示。

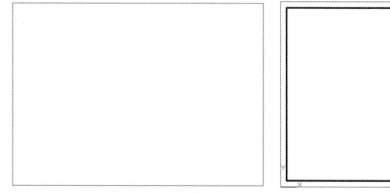

图 1.74 A3 图纸

图 1.75 绘制图框

4）绘制标题栏

此处绘制的标题栏是作业标题栏，绘制方法是利用"表格"创建。值得注意的是，绘制出的标题栏外表框为粗实线，线宽 0.5mm。

（1）选中标题栏左上角的单元格，按住 Shift 键，单击右下角的单元格，此时将整个标题栏中的单元格选中。

（2）右击，在弹出的快捷菜单中选择"特性"选项。

（3）在"特性"对话框中，选择"边界线宽"选项。

（4）打开"单元边框特性"对话框（见图1.76），将"线宽"设置为"0.50mm"，并应用于所有边框。最终效果如图1.72所示。

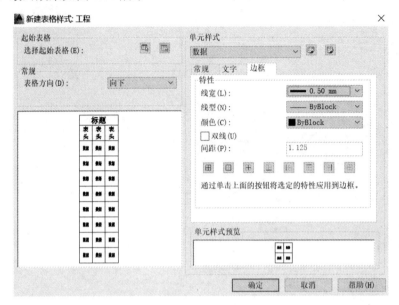

图1.76　"单元边框特性"对话框

5）创建"作业样板"文件

（1）将所绘制的图框与作业标题栏合并，如图1.77所示。

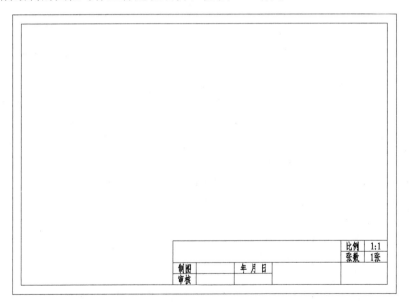

图1.77　作业样板图

（2）打开"显示线宽"功能，执行"文件"→"保存"命令，在"文件类型"下拉列表中选择"AutoCAD图形样板（*.dwt）"选项，如图1.78所示。

项目 1　创建电子产品样板文件

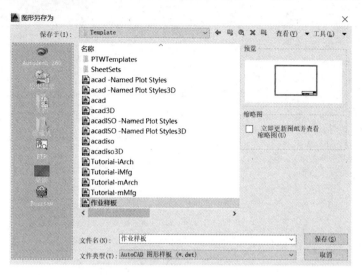

图 1.78　保存为样板文件

1.3 任务拓展知识

1. BAK 文件及取消

在实际使用 AutoCAD 的过程中，往往会出现如图 1.79 所示的后缀名为".bak"的文件，这个文件是备份文件。在默认状态下，AutoCAD 为了保护文件的安全，会在保存时自动生成备份文件。如果用户不需要备份文件，那么可用以下方式设置。

1) 菜单操作

（1）执行"工具"→"选项"命令（见图 1.80）。

图 1.79　备份文件　　　　　　　　　　　图 1.80　选项

电子产品 AutoCAD 制图

（2）执行"选项"→"打开和保存"→"文件安全措施"命令，取消勾选"每次保存时均创建备份副本"复选框（见图 1.81）。

图 1.81 取消保存备份文件

2）命令操作

同样的操作还可以用命令操作来执行，在命令行中输入"ISAVEBAK"。"新值"为 0，表示没有备份文件；"新值"为 1，表示会生成备份文件。

2．改变现有图形的图层

绘图区绘制了一个圆形图形，当前图形所在图层是"图层 2"，颜色是"蓝色"，线型是"ACAD_ISO02W100"，线宽是"0.25mm"，如图 1.82 所示，现在图层变为"图层 1"，有如下几种操作方法。

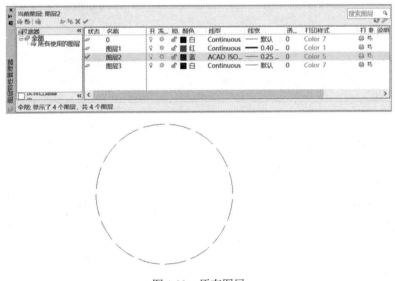

图 1.82 原有图层

1）列表法

(1) 选中需要改变图层的图形对象（见图1.83）。

(2) 在"图层控制"工具栏的"图层"下拉列表中选取"图层 1"选项，圆形被切换到"图层 1"上，图形特性全部与图层1特性一致，圆形颜色变为"红色"，线型为"Continuous"，线宽为"0.4mm"。

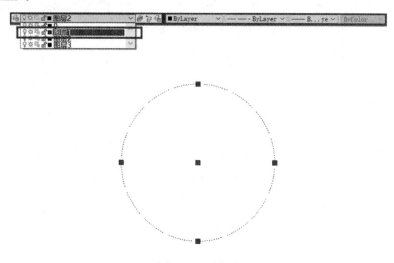

图 1.83　列表法

2）特性法

(1) 选中需要改变图层的图形对象。

(2) 右击，在弹出的快捷菜单中选择"特性"选项。

(3) 在"特性"对话框中，单击图层，在"图层"下拉列表中选择"图层 1"选项，如图1.84所示。

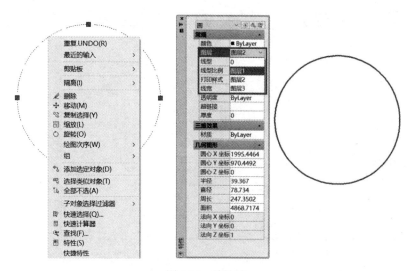

图 1.84　特性法

3）匹配法

(1) 在命令行中输入"LAYMCH"。

(2)选中需要改变图层的图形对象。

(3)选择目标图层上的对象或名称：单击"名称"按钮。

(4)打开"更改到图层"对话框，选择"图层1"选项，如图1.85所示。

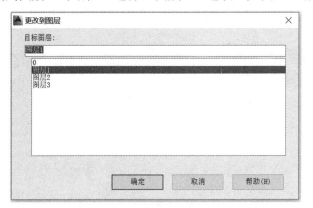

图1.85　匹配法

3．对十字光标进行设置

在使用 AutoCAD 过程中，我们不难发现，如果将鼠标指针移动到绘图区或命令行以外的区域，那么鼠标指针显示为"箭头"形式的标准光标；如果移动到绘图区，就会自动变成中间带有靶框的十字光标，如图1.86所示。

AutoCAD 是计算机辅助绘制软件，实际上就是用计算机替代了原有的手工铅笔绘图。在手工铅笔绘图时，很多制图员习惯使用丁字尺，在 AutoCAD 中可以对十字光标进行满屏显示设置，使其起到丁字尺的作用，如图1.87所示。

图1.86　十字光标

图1.87　十字光标满屏显示

十字光标大小的设置方法有以下两种。

1）"选项"对话框

用户可以通过"选项"对话框中的参数设置，改变十字光标的大小。具体操作步骤如下。

（1）执行“工具”→“选项”命令（见图 1.88）。

（2）打开“选项”对话框，在“显示”选项卡中设置“十字光标大小”为“100”，如图 1.89 所示。

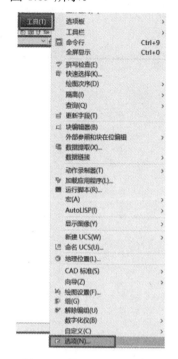

图 1.88　执行“选项”命令

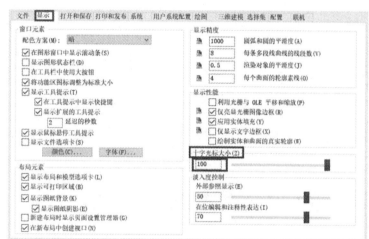

图 1.89　设置十字光标大小

2）命令行设置

（1）在命令行中输入“CURSORSIZE”，如图 1.90 所示。

```
CURSORSIZE 输入 CURSORSIZE 的新值 <15>:
```

图 1.90　十字光标当前大小值

（2）在命令行中输入数值“100”后，十字光标调整为满屏显示。

4．捕捉两个单独点之间的中点

想实现捕捉中点的操作有如下两个方法。

1）“直线”命令

执行“直线”命令，给两个独立的点之间进行连线，捕捉这条线的中点。

2）隐藏的捕捉选项

利用 AutoCAD 中的一些隐藏的捕捉选项进行操作。

图 1.91　绘制任意两点

（1）在绘图区绘制任意两点，如图 1.91 所示。

（2）执行“圆”命令，输入“mtp”捕捉中点命令（见图 1.92）。

```
CIRCLE 指定圆的圆心或 [三点(3P) 两点(2P) 切点、切点、半径(T)]: mtp
```

图 1.92　输入“mtp”捕捉中点命令

（3）指定左侧点为第一个点，如图 1.93 所示。

（4）指定右侧点为第二个点，如图 1.94 所示。

（5）指定半径为 7mm，如图 1.95 所示。

（6）以两点中点为圆心，绘制一个半径为 7mm 的圆（见图 1.96）。

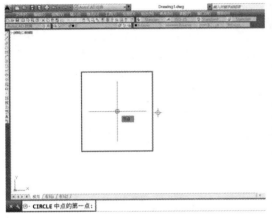

图 1.93　指定第一个点　　　　　图 1.94　指定第二个点

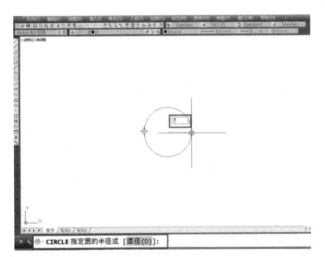
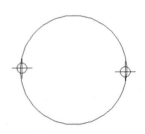

图 1.95　指定半径　　　　　图 1.96　中点为圆心的圆

5. 使用几何约束

AutoCAD 2014 中为用户提供了可以精准控制对象几何特性的"几何约束"模式。

1）"几何约束"模式（见图 1.97）

2）执行方式

（1）在命令行中输入"CONSTRAINTSETTINGS"。

（2）在"参数"菜单中选择"约束设置"选项（见图 1.98）。

（3）参数化工具栏如图 1.99 所示。

（4）辅助绘图工具如图 1.100 所示。

项目1 创建电子产品样板文件

图1.97 "几何约束"模式

图1.98 "约束设置"选项

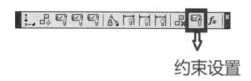

图1.99 参数化工具栏

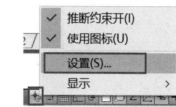

图1.100 辅助绘图工具

3)"约束设置"对话框

执行命令后,打开"约束设置"对话框(见图1.101)。

图1.101 "约束设置"对话框

(1)"约束栏显示设置"选区:控制图形编辑器中对象显示约束栏或约束点标记。
(2)"全部选择"按钮:将所有几何约束类型全部选中。
(3)"全部清除"按钮:清除所有选中的几何约束类型。
(4)"仅为处于当前平面中的对象显示约束栏"复选框:仅为当前平面上受几何约束的对象显示约束栏。
(5)"约束栏透明度"选区:设置图形中约束栏的透明度,透明度高时,约束栏显示清晰,如图1.102所示;透明度低时,约束栏比较模糊,如图1.103所示。

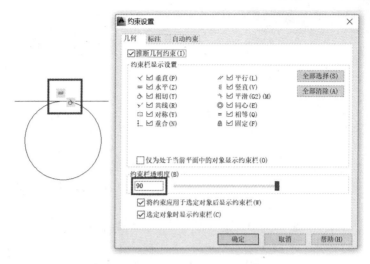

图 1.102　透明度高时约束栏清晰

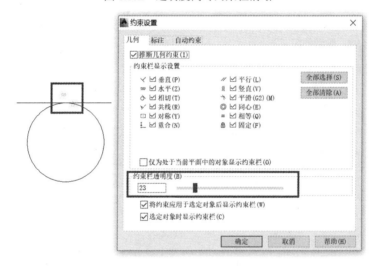

图 1.103　透明度低时约束栏模糊

(6)"将约束应用于选定对象后显示约束栏"复选框：手动应用约束后显示相关约束栏。

(7)"选定对象时显示约束栏"复选框：选定对象时同步显示约束栏。

4）技术演示

(1) 在绘图区绘制一条水平直线，在直线下方一定距离处绘制一个圆，如图 1.104 所示。

(2) 执行"参数"→"几何约束"→"重合"命令，如图 1.105 所示。

图 1.104　绘制图形

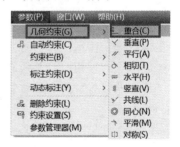

图 1.105　执行"重合"命令

(3)指定重合点,直线的中点与圆心重合,如图 1.106 所示。

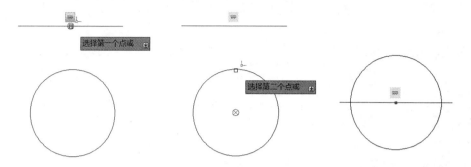

图 1.106　直线的中点与圆心重合

6. 使用尺寸约束修改图形大小

AutoCAD 2014 提供了"尺寸约束"功能,可以帮助用户对已绘制图形大小进行修改。

1)执行方式

(1)在命令行中输入"CONSTRAINTSETTINGS"。
(2)执行"参数"→"约束设置"命令。
(3)辅助绘图工具。
(4)参数化工具栏。

以上 4 种执行方式均可打开如图 1.107 所示的"标注"选项卡。

图 1.107　"标注"选项卡

2)选项说明

(1)"标注约束格式"选区:用于设置标注名称格式。
(2)"标注名称格式"下拉列表:指定标注约束显示的文字格式。
(3)"为注释性约束显示锁定图标"复选框:显示锁定图标。
(4)"为选定对象显示隐藏的动态约束"复选框:显示已设置为隐藏的动态约束。

3）技术演示

（1）绘制一个矩形，执行"参数"→"标注约束"→"水平"命令（见图1.108）。

（2）指定约束点（见图1.109）。

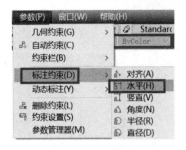

图 1.108 水平约束

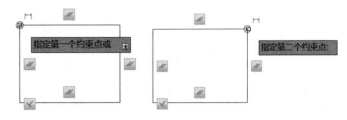

图 1.109 指定约束点

（3）改变约束尺寸，如图 1.110 所示。

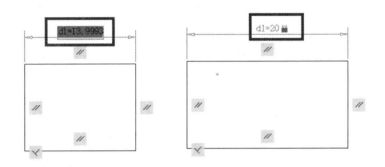

图 1.110 改变约束尺寸

7. 自动约束

在使用 AutoCAD 2014 绘制图形对象时，可以设置自动约束。

1）执行方式

（1）在命令行中输入"CONSTRAINTSETTINGS"，其快捷命令为"CSETTINGS"。

（2）在"参数"菜单栏中选择"约束设置"选项。

（3）在"参数化"工具栏中选择"约束设置"选项。

（4）参数化辅助绘图工具。

以上4种执行方式均可打开如图1.111所示的"自动约束"选项卡。

2）选项说明

（1）"自动约束"列表框：显示约束类型及优先级顺序，优先级顺序可以通过"上移"或"下移"按钮来调整。可以单击"√"选择或取消选择某约束类型。

（2）"相切对象必须共用同一交点"复选框：用于指定两条曲线必须共用一个点，而且这个点在距离公差内指定，可以应用相切约束。

（3）"垂直对象必须共用同一交点"复选框：用于指定直线必须相交，或者一条直线的端点必须与条直线或直线的端点重合，需要在距离公差内指定。

（4）"公差"选区：设置允许的"距离"和"角度"公差值，以确定是否可以应用约束。

项目1　创建电子产品样板文件

图1.111　"自动约束"选项卡

思考与练习1

扫一扫看思考与练习1答案

1. 工程图纸共有几种图幅？分别是什么？
2. A3、A4图纸的长宽是多少？
3. 留装订边的图纸留边宽度是多少？不留装订边的图纸留边宽度是多少（以A3图纸为例加以说明）？
4. A3、A4图纸的汉字、数字和字母的高度各是多少？
5. 如何对绘图区背景进行设置？
6. 如何创建图层？AutoCAD中所有图形都具有几种基本属性？分别是什么？
7. 图层设置中"打开/关闭"和"冻结/解冻"之间的相同和不同。
8. 说说"全部缩放"与"范围缩放"的不同。
9. 按以下规定设置图层。

图层名称	颜色	线型	线宽
01	白	实线 Continuous	0.5mm
02	白	细实线 Continuous	0.25mm
03	绿	虚线 ACAD_ISO02W100	0.25mm
04	洋红	实线 Continuous	0.25mm

项目 2 电子产品基础制图

在电子产品设计图纸中,有一类诸如零件图、面板布置图、三视图和轴测图等图纸,可以利用 AutoCAD 中的二维图形绘制和编辑命令来完成,属于基础制图。

2.1 知识准备

2.1.1 调用样板新建文件

工作中,往往使用标准化文件。新建文件时,可以在"文件"菜单下选择"新建"选项,打开"选择样板"对话框,选择所需后缀名为".dwt"的标准样板文件,这里选择"作业样板"(见图 2.1),新建自动套用样板文件创建新文件,如图 2.2 所示。

项目 2　电子产品基础制图

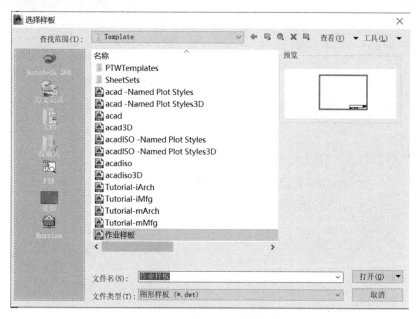

图 2.1　选择"作业样板"

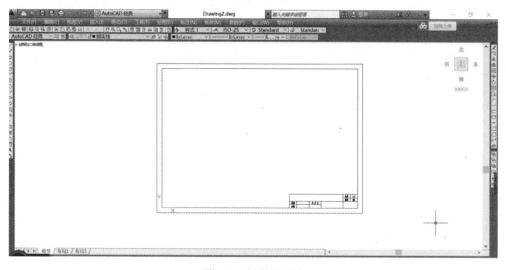

图 2.2　创建新文件

2.1.2　保存文件

1．执行方式

保存文件有以下三种执行方式。
(1) 在"文件"菜单下选择"保存"选项。
(2) 单击标准工具栏上的保存图标" "。
(3) 在命令行中输入"SAVE"。

2．设置自动保存

对于已经命名过的文件，可以设置自动保存。具体操作步骤如下：
(1) 执行"工具"→"选项"命令，打开"选项"对话框，如图 2.3 所示。

51

图2.3 "选项"对话框

(2) 选择"打开和保存"选项卡,如图2.4所示。

图2.4 "打开和保存"选项卡

(3) 在"文件安全措施"选区中,勾选"自动保存"复选框,并设置"保存间隔分钟数",也可以勾选"每次保存时均建备份副本"复选框,如图2.5所示。

对于已命名的文件,还可在"文件"菜单下选择"另存为"选项,将其另存为一个新的图形文件,如图2.6所示,可以设置保存路径、文件名和文件类型。

由于AutoCAD有很多版本,通常低版本软件无法打开高版本软件绘制的图形文件,因此要特别注意文件保存类型的选取。例如,AutoCAD 2014默认的文件类型为"AutoCAD 2013图形(*.dwg)",除了可以在"另存为"中设置,还可以在"打开和保存"选项卡下进行设置,如图2.7所示。

项目 2 电子产品基础制图

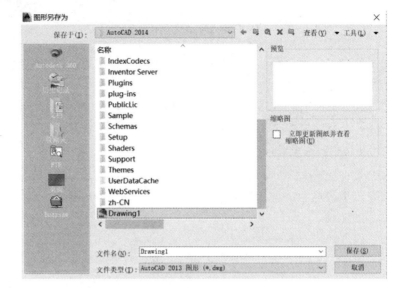

图 2.5 "文件安全措施"选区   图 2.6 另存为图形文件

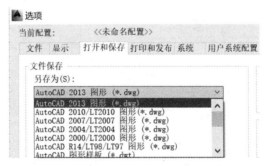

图 2.7 文件保存类型设置

2.1.3 绘图比例标准

在制图标准中,对于比例也加以规范。比例是指图形与实物相对应的线性尺寸之比。绘制图样时,通常采用 1:1 的原值比例,需要放大或缩小时,应优先使用如表 2.1 所示的比例。

表 2.1 绘图比例

种类		比例				
原值比例		1:1				
放大比例	优先使用	5:1	2:1	$5\times10^n:1$	$2\times10^n:1$	$1\times10^n:1$
	允许使用	4:1	2.5:1	$4\times10^n:1$	$2.5\times10^n:1$	
缩小比例	优先使用	1:2	1:5	1:10	$1:2\times10^n$	$1:5\times10^n$	$1:1\times10^n$
	允许使用	1:1.5	1:2.5	1:3	1:4	1:6	
		$1:1.5\times10^n$	$1:2.5\times10^n$	$1:3\times10^n$	$1:4\times10^n$	$1:6\times10^n$	

比例的选择需要参考以下几方面原则。
(1)能够清晰地表达物体的结构和形状。
(2)与所选的图幅相匹配。
(3)在满足前面两个原则的情况下,优先选择较小的图幅。

53

（4）优先选择原值比例。

（5）需要根据图样的应用场合来选择比例。

比例是机械制图中必不可少的重要标准之一，但在电气制图和电子工程制图中，一般没有硬性要求。

2.1.4 点的绘制

扫一扫看点的绘制教学课件

1．点样式设置

点在 AutoCAD 制图中往往作为辅助点来使用，系统默认的点样式是一个普通的小点，在绘图中为了能清楚地显示出点，用户需要改变点的样式。

扫一扫看点的绘制微课视频

设置点样式的操作方法如下。

执行"格式"→"点样式"命令，弹出如图 2.8 所示的"点样式"对话框。

2．绘制点

在 AutoCAD 制图中，点可以分为单点和多点，具体执行方式如表 2.2 所示。

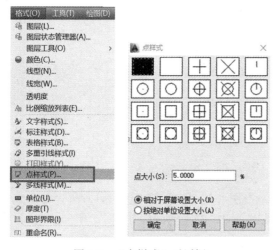

表 2.2 点的执行方式

点类型	执行方式
单点	执行"绘图"→"点"→"单点"命令
单点	在命令行中输入"PO（POINT）"
多点	执行"绘图"→"点"→"多点"命令
多点	单击"绘图"工具栏中的"点"按钮

图 2.8 "点样式"对话框

3．绘制定数等分点

执行"绘图"→"点"→"定数等分"命令可以对直线、圆和椭圆进行定数等分，如图 2.9 所示。

图 2.9 对直线、圆和椭圆进行定数等分

项目 2　电子产品基础制图

【实例 2.1】绘制长度为 37mm 的水平直线，将直线四等分。

具体操作如下：

（1）执行"绘图"→"点"→"定数等分"命令，如图 2.10（a）所示。

（2）选择图形对象。

（3）输入线段数目：4，如图 2.10（b）所示。

（4）线段被等分为四段，线段上有三个等分点，如图 2.10（c）所示。

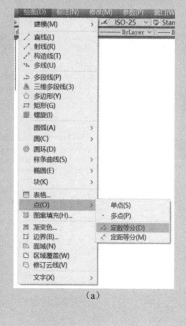

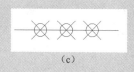

图 2.10　实例 2.1 图

4．定距等分点

执行"绘图"→"点"→"定距等分"命令。

若所分对象的总长不能被指定间距整除，则在绘制点时，选择距离对象点较近的端点作为起始位置。

【实例 2.2】把长度为 30mm 的直线按每段长 8mm 进行定距等分，图 2.11（a）以左端为起始位置；图 2.11（b）以右端为起始位置。最后余下一段直线长 6mm。

图 2.11　实例 2.2 图

2.1.5　线的绘制

1．绘制直线

直线分起点和终点，两点确定一条直线，执行"直线"命令的方式，如表 2.3 所示。

执行"直线"命令，在绘图区内指定直线的起点，可以用坐标的方法选取，也可以用鼠

电子产品 AutoCAD 制图

标直接指定，移动鼠标，在如图 2.12 所示的数据框中输入指定的长度数据，即可完成指定长度直线的绘制，按 ESC 键退出"直线"命令，否则可继续进行直线绘制。

表2.3 执行"直线"命令的方式

序号	执行方式
1	执行"绘图"→"直线"命令
2	单击"绘图"工具栏中的"直线"按钮
3	在命令行中输入"LINE"

图 2.12 绘制定距等分点

注：绘制多条连续直线后，按 C 键，图形会自动闭合。

2. 绘制射线

射线是以某一点为起点，向某一方向无限延伸的直线。在 AutoCAD 制图中，射线往往可作为辅助线，有时也可代替直线使用。

执行"射线"命令的方法如下。

（1）执行"绘图"→"直线"命令。

（2）在命令行中输入"RAY"。

执行"射线"命令后，先指定射线的起点，接着指定通过点即可确定一条射线，也可以通过指定多个通过点的方法绘制多条射线，如图 2.13 所示。

3. 绘制构造线

构造线是无穷长度的直线，主要用作辅助线。在电子产品设计图纸中，可应用于轴测图的绘制。构造线的绘制方法有 6 种，分别是"指定点""水平""垂直""角度""二等分""偏移"，如图 2.14 所示。

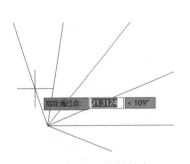

图 2.13 绘制射线　　　　　　　　图 2.14 绘制构造线

执行"构造线"命令的方式（见表 2.4）。

表2.4 执行"构造线"命令的方式

序号	执行方式
1	执行"绘图"→"构造线"命令
2	单击"绘图"工具栏中的"构造线"按钮
3	在命令行中输入"XLINE"

2.1.6 绘制圆类图形

扫一扫看绘制圆类图形微课视频

扫一扫看绘制圆类图形教学课件

1. 绘制圆

圆是构成二维图形的重要组成部分，绘制电子产品二维图形时，也会频繁使用此命令，所以制图员需要对绘制圆的方式有全面了解，并能够熟练操作。

1）执行方式

执行"圆"命令的方式如表 2.5 所示。

2）绘制圆子命令

"圆"命令包含子命令，如图 2.15 所示。

表 2.5 执行"圆"命令的方式

序号	执行方式
1	执行"绘图"→"圆"命令
2	单击"绘图"工具栏中的"圆"按钮
3	在命令行中输入"CIRCLE"

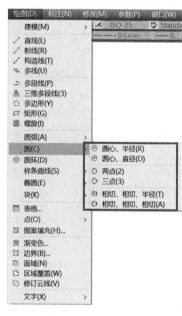

图 2.15 绘制圆子命令

AutoCAD 2014 提供了 6 种绘制圆的方式和条件，如表 2.6 所示。

表 2.6 绘制圆的方式和条件

绘制圆的方式	绘制圆的条件
圆心、半径（R）	圆心和半径
圆心、直径（D）	圆心和直径
两点（2P）	选取两点间的距离作为直径绘制圆
三点（3P）	选取三点绘制圆
相切、相切、半径（T）	选取两个切点，指定半径绘制圆
相切、相切、相切（A）	选取三个切点绘制圆

【实例 2.3】指定圆心，绘制半径为 20mm 的圆，如图 2.16 所示。

电子产品 AutoCAD 制图

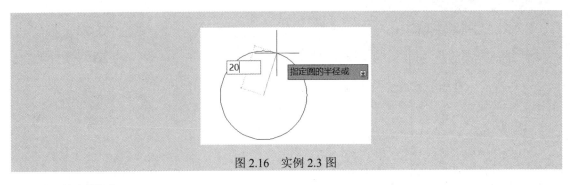

图 2.16 实例 2.3 图

2. 绘制圆弧

通常情况下,圆弧是通过确定三点来绘制的。绘制圆弧时,需要对起点、方向、中点、角度、终点、弦长等参数进行设置来绘制。

利用"角度""弦长"绘制圆弧时,参数的设置方法如下。

(1)角度为正值时,按逆时针方向绘制圆弧。

(2)角度为负值时,按顺时针方向绘制圆弧。

(3)输入弦长和半径为正值时,绘制小于 180°的圆弧。

(4)输入弦长和半径为负值时,绘制大于 180°的圆弧。

执行"圆弧"命令的方式(见表 2.7)。

执行"绘图"→"圆弧"命令后,将显示 11 种绘制圆弧的方法,如图 2.17 所示。

表 2.7 执行"圆弧"命令的方式

序号	执行方式
1	执行"绘图"→"圆弧"命令
2	单击"绘图"工具栏中的"圆弧"按钮
3	在命令行中输入"ARC"

图 2.17 绘制圆弧的方法

3. 绘制椭圆

执行"椭圆"命令的方式,如表 2.8 所示。

项目 2　电子产品基础制图

表 2.8　执行"椭圆"命令的方式

序号	执行方式
1	执行"绘图"→"椭圆"命令
2	单击"绘图"工具栏中的"椭圆"按钮
3	在命令行中输入"ELLIPSE"

椭圆有长轴、短轴之分。通常情况下，AutoCAD 通过指定长轴和短轴的 3 个端点绘制椭圆。

【实例 2.4】绘制一个长轴为 30mm，短轴为 15mm 的椭圆（见图 2.18）。

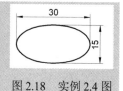

图 2.18　实例 2.4 图

4．绘制椭圆弧

执行"椭圆弧"命令的方式如下。
（1）执行"绘图"→"椭圆"→"椭圆弧"命令。
（2）单击"绘图"工具栏中的"椭圆弧"按钮。

【实例 2.5】已知椭圆长轴为 25mm，短轴为 10mm，椭圆弧起始角度为 30°，终止角度为 270°，则所画椭圆弧如图 2.19 所示。

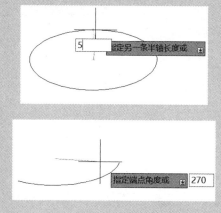
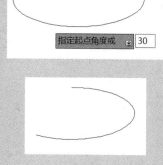

图 2.19　实例 2.5 图

2.1.7　绘制平面图形类命令

1．绘制矩形

矩形是工程图样中最常用的命令之一，矩形可通过定义两个对角点来绘制，对角点的确定可以用坐标来指定，也可以利用鼠标在绘图区指定。

执行"矩形"命令的方式（见表 2.9）。

扫一扫看绘制平面图形类命令教学课件

扫一扫看绘制矩形、正多边形微课视频

电子产品 AutoCAD 制图

表 2.9　执行"矩形"命令的方式

序号	执行方式
1	执行"绘图"→"矩形"命令
2	单击"绘图"工具栏中的"矩形"按钮
3	在命令行中输入"RECTANG"（REC）

【实例 2.6】绘制如图 2.20 所示的矩形，长为 100mm，高为 50mm，圆角为 15mm，并设置线宽为 0.5mm。步骤如下。

（1）在命令行中输入"RECTANG"。

（2）选择宽度，设置为 0.5mm。

（3）指定圆角半径为 15mm。

（4）在绘图区指定任意点为左下角点。

（5）指定右上角点坐标为(100,50)。

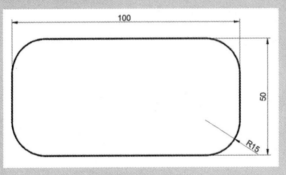

图 2.20　实例 2.6 图

2. 绘制正多边形

由多条线段组成的封闭图形即多边形，正多边形是具有等边长的封闭图形，其边数为 3～1024。

执行"正多边形"命令的方式，如表 2.10 所示。

绘制正多边形有三种方式：边长方式、内接于圆方式、外切于圆方式（见表 2.11）。

表 2.10　执行"正多边形"命令的方式

序号	执行方式
1	执行"绘图"→"正多边形"命令
2	单击"绘图"工具栏中的"正多边形"按钮
3	在命令行中输入"POLYGON"（POL）

表 2.11　绘制正多边形

绘制正多边形方式	序号	步骤
边长方式	1	执行"绘图"→"多边形"命令
	2	输入边数
	3	输入边的第一个端点
	4	输入边的第二个端点
内接于圆方式	1	执行"绘图"→"多边形"命令
	2	输入边数
	3	指定多边形的中心点
	4	输入内接于圆
	5	指定圆的半径

项目2 电子产品基础制图

续表

绘制正多边形方式	序号	步骤
外切于圆方式	1	执行"绘图"→"多边形"命令
	2	输入边数
	3	指定多边形的中心点
	4	输入外切于圆
	5	指定圆的半径

【实例2.7】绘制如图2.21所示的内接于圆和外切于圆的正六边形,圆的半径为20mm。

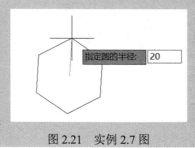

图2.21 实例2.7图

2.1.8 绘制复杂线类命令

1. 绘制样条曲线

样条曲线是由一系列线段光滑过渡形成的曲线,分别由数据点、拟合点及控制点来控制其形状。执行"样条曲线"命令的方式,如表2.12所示。

扫一扫看绘制复杂线类命令微课视频

扫一扫看绘制复杂线类命令教学课件

表2.12 执行"样条曲线"命令的方式

序号	执行方式
1	执行"绘图"→"样条曲线"命令
2	单击"绘图"工具栏中的"样条曲线"按钮
3	在命令行中输入"SPLINE"(SPL)

【实例2.8】绘制如图2.22所示的样条曲线的操作步骤如下。
(1)绘制一条垂直直线。
(2)过垂直直线的中点做一条水平直线。
(3)利用"定数等分"命令将水平直线四等分。
(4)执行"样条曲线"命令。
(5)利用"对象捕捉"和"对象追踪"指定第一个点。
(6)指定下一个点,以此类推,完成样条曲线的绘制。

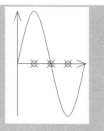

图2.22 实例2.8图

2. 绘制多线

多线是一种由多条平行线组成的复合图形对象,系统默认的多线由两条平行线构成。用户可以根据自身需求修改"多线样式"。

电子产品 AutoCAD 制图

1）执行"多线"命令

（1）执行"绘图"→"多线"命令。

（2）在命令行中输入"ML"（MLINE）。

2）设置多线样式

设置多线样式的操作步骤如下。

（1）单击"新建"按钮，在"创建新的多线样式"对话框的"新样式名"文本框中输入新样式的名称，如图 2.23 所示。

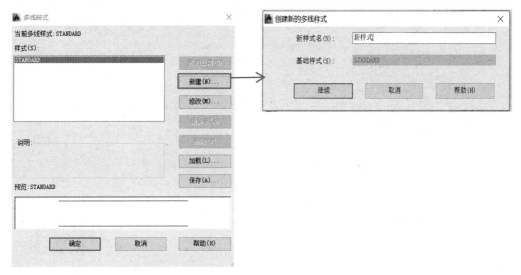

图 2.23　创建新的多线样式

（2）打开"新建多线样式"对话框，如图 2.24 所示。

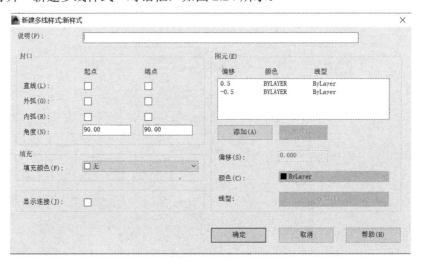

图 2.24　"新建多线样式"对话框

3．绘制多段线

多段线是一种特殊线段，由线段或圆弧相连而成，可以调整线宽，用于绘制图形轮廓。执行"多段线"命令的方式如表 2.13 所示。

项目 2　电子产品基础制图

表 2.13　执行"多段线"命令的方式

序号	执行方式
1	执行"绘图"→"多段线"命令
2	单击"绘图"工具栏中的"多段线"按钮
3	在命令行中输入"PLINE"（PL）

【实例 2.9】绘制如图 2.25 所示的箭头，已知 AB 长 50mm，线宽 1mm；BC 长 25mm，B 点线宽 5mm，C 点线宽 0mm。

操作步骤如下。
（1）在命令行中输入"PLINE"。
（2）指定直线起点。
（3）设置线宽。
（4）起点线宽 1mm。
（5）端点线宽 1mm。
（6）指定直线长度 50mm。
（7）设置线宽（起点线宽 5mm，端点线宽 0mm）。
（8）指定箭头长度 25mm。

图 2.25　实例 2.9 图

2.1.9　图案填充命令

图案填充是使用图案填充一个闭合区域。

扫一扫看图案填充命令教学课件　扫一扫看图案填充命令微课视频

1. 执行"图案填充"命令

执行"图案填充"命令的方式如表 2.14 所示。

表 2.14　执行"图案填充"命令的方式

序号	执行方式
1	执行"绘图"→"图案填充"命令
2	单击"绘图"工具栏中的"图案填充"按钮
3	在命令行中输入"BHATCH"（BH）

打开"图案填充和渐变色"对话框中的"图案填充"选项卡（见图 2.26），可以设置图案填充时的类型和图案、角度和比例等特性。

在"类型和图案"选区内，单击"图案"下拉列表右侧的 按钮，打开如图 2.27 所示的"填充图案选项板"对话框，用户可根据实际需求，在对话框中选择图案，单击"确定"按钮，返回"图案填充和渐变色"对话框，可在"角度和比例"选区内为图案设置角度和比例。

2. "图案填充和渐变色"对话框

1）"图案填充"选项卡

"图案填充"选项卡包含 5 个组成部分，分别是"类型和图案""角度和比例""图案填充原点""边界""选项"，如表 2.15 所示。

电子产品 AutoCAD 制图

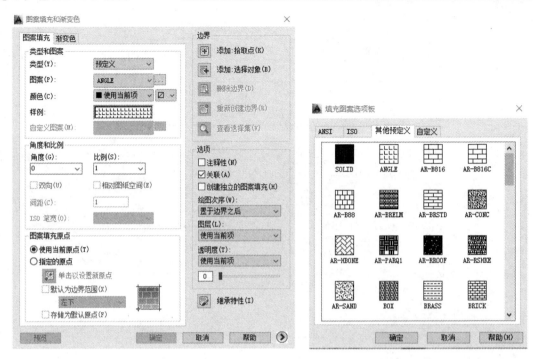

图 2.26 "图案填充和渐变色"对话框　　图 2.27 "填充图案选项板"对话框

表 2.15 "图案填充"选项卡

选区	选项	用途
类型和图案	类型	选择图案类型（预定义、用户定义、自定义）
	图案	打开"填充图案选项板"对话框，选择图案
角度和比例	角度	设置图案填充的倾斜角度
	比例	设置比例，调整填充图案线形之间的疏密程度
图案填充原点	使用当前原点	使用当前原点作为图案填充原点
	指定的原点	使用指定的原点作为图案填充原点
边界	添加：拾取点	单击闭合图形的内部点来选择填充对象
	添加：选择对象	单击图形对象轮廓线来选择填充对象
选项	关联	控制填充图案与边界是否具有关联性
	继承特性	将某个已填充的图案特性应用到另一个待填充的对象中

2）"渐变色"选项卡

"渐变色"选项卡为填充区域选择填充的图案是渐变的颜色。具体操作方法与"图案填充"相同。

3．设置孤岛

"孤岛"是指在进行图案填充时，一个填充区域内的封闭区域，如图 2.28 所示，矩形框是一个填充区域，圆就是这个填充区域内的封闭区域，也就是"孤岛"。

单击"图案填充和渐变色"对话框右下角"帮助"按钮右边的

图 2.28 孤岛

项目 2　电子产品基础制图

">"扩展按钮，显示完整的选项，可以设置"孤岛"特性，如图 2.29 所示。

图 2.29　"孤岛"选区

【实例 2.10】绘制一个半径为 20mm 的圆，利用"定数等分"将圆八等分，将等分点与圆心连接，选择图案 ANSI31，按图 2.30 进行图案填充。

图 2.30　实例 2.10 图

2.1.10　选择、删除和恢复

1. 选择

对图形进行编辑时，用户需要对图形对象进行选择，选择对象的方法有如下几种。

1）逐一拾取法

逐一拾取法，顾名思义，就是用鼠标指针逐一选择图形对象，被选中后，图形对象的轮廓线变为虚线。

2）窗口方式

"窗口"指的是选择一组对角点,在绘图区构成一个矩形区域,此时被包含在该区域中的图形对象被选中。

3）全部方式

"全部"就是将整个绘图区的图形对象一次全部选中,常用的方法有以下两种。

(1) 先在命令行中输入"SELECT",然后输入"ALL",最后按 Enter 键。

(2) 按 Ctrl+A 键。

4）圈围方式

"圈围"操作步骤如下。

(1) 在绘图区单击,此时命令行中会出现"指定对角点或[栏选(F)圈围(WP)圈交(CP)]"。

(2) 在命令行中输入"WP"。

(3) 按 Enter 键。

(4) 依次按需求选择第一点、第二点、第三点等,绘制出一个不规则的多边形窗口,如图 2.31 所示,窗口内的图形对象被选中。

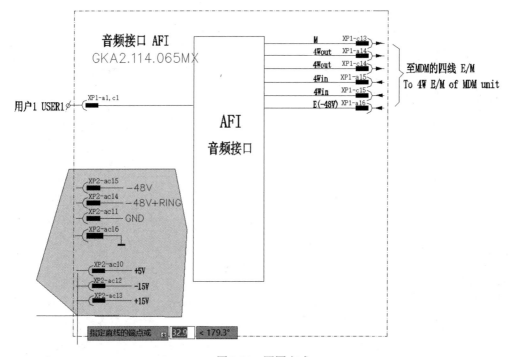

图 2.31 圈围方式

5）栏选方式

(1) 在绘图区单击,此时命令行中会出现"指定对角点或[栏选(F)圈围(WP)圈交(CP)]"。

(2) 在命令行中输入"F"。

(3) 按 Enter 键,与折线相交的图形对象被选中。

6)过滤选择对象

在 AutoCAD 2014 中,可以通过设定过滤条件的方式选出所需对象,通常会选取类型、图层、颜色、线型、线宽等特性作为过滤条件。

过滤选择对象的操作步骤如下。

(1)在命令行中输入"FILTER"。

(2)弹出"对象选择过滤器"对话框,如图 2.32 所示。

7)快速选择对象

快速选择对象是通过在"快速选择"对话框中,设定"对象类型""特性"等实现相应对象的选取。

操作步骤如下。

(1)执行"工具"→"快速选择"命令。

(2)在弹出的"快速选择"对话框中设置所需特性参数,如图 2.33 所示。

图 2.32 "对象选择过滤器"对话框

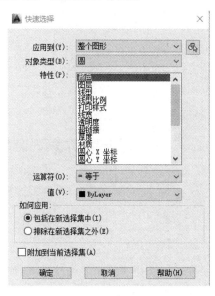

图 2.33 "快速选择"对话框

2. 删除和恢复

"删除"是把在绘图过程中画错或多余的图线,图纸中不需要的对象去除掉;"恢复"则是取消以前执行的操作。

1)执行"删除"命令的方式

(1)执行"修改"→"删除"命令。

(2)在"修改"工具栏中单击"删除"按钮。

(3)单击需要删除的图线,按 Delete 键。

2)执行"恢复"命令的方式

(1)单击标题栏左侧的"撤销"和"重做"按钮。

(2)按 Ctrl+Z 键,每按一次,可以撤销上一步操作。

(3)若从多个已选中对象中撤销个别对象,则可以按住 Shift 键,单击需要撤销选中的对象。

电子产品 AutoCAD 制图

2.1.11 复制类命令

扫一扫看复制类命令教学课件

扫一扫看复制、镜像对象微课视频

AutoCAD 提供"复制""镜像""偏移"等多种命令,帮助用户将图形对象复制到所需的位置上。

1. 复制对象

执行"复制"命令的方式和操作步骤,如表 2.16 所示。

表 2.16 执行"复制"命令的方式和操作步骤

方式	执行"修改"→"复制"命令
	单击"修改"工具栏上的"复制"按钮
	在命令行中输入"COPY"
操作步骤	执行"复制"命令
	选择要复制的对象
	按 Enter 键或继续选择对象
	指定基点或[位移(D)]〈位移〉:(默认指定基点),如图 2.34 所示
	指定第二个点
	按 Enter 键

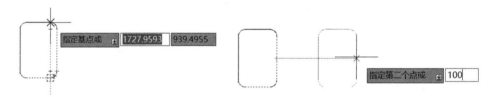

图 2.34 复制图形

2. 镜像对象

对对象执行"镜像"命令,可将其以镜像线对称复制,执行该命令的方式和操作步骤如表 2.17 所示。

表 2.17 执行"镜像"命令的方式和操作步骤

方式	执行"修改"→"镜像"命令
	单击"修改"工具栏上的"镜像"按钮
	在命令行中输入"MIRROR"
操作步骤	执行"镜像"命令
	选择要镜像的对象
	按 Enter 键或继续选择对象
	指定镜像线的第一个点
	指定镜像线的第二个点
	是否删除原对象?
	若输入 N,则保留原对象;
	若输入 Y,则删除原对象

3. 偏移对象

"偏移"是绘图过程中使用率较高的编辑命令之一,常使用"偏移"命令对指定的对象进行偏移复制,执行此命令的方式和操作步骤如表 2.18 所示。

扫一扫看偏移对象微课视频

表 2.18 执行"偏移"命令的方式和操作步骤

方式	执行"修改"→"偏移"命令
	单击"修改"工具栏上的"偏移"按钮
	在命令行中输入"OFFSET"
操作步骤	执行"偏移"命令
	指定偏移距离
	选择要偏移的对象
	指定要偏移的那一侧上的点
	选择要偏移的对象或[退出(E)/多个(M)/放弃(U)]

1)定距偏移

定距偏移是默认且最常用的偏移命令,其操作步骤如表 2.18 所示。

【实例 2.11】绘制一个半径为 20mm 的圆,执行"偏移"命令,偏移距离输入 5mm,选择向外侧偏移,在圆的外侧单击,如图 2.35 所示。

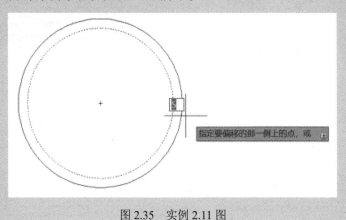

图 2.35 实例 2.11 图

2)过点偏移

过点偏移是指通过某个点来执行"偏移"命令,先选择"通过"选项,如图 2.36 所示。

图 2.36 过点偏移

电子产品 AutoCAD 制图

4．阵列

阵列能够实现对象按照矩形、路径或环形排列的多重复制。

扫一扫看阵列微课视频

1）命令执行方式

（1）在命令行中输入"ARRAY"。

（2）执行"修改"→"阵列"命令。

（3）在"修改"工具栏中单击"阵列"按钮。

2）矩形阵列

按照命令行提示进行相应操作。矩形阵列如图 2.37 所示，利用图中的夹点进行行数、列数、行间距和列间距等相关操作。

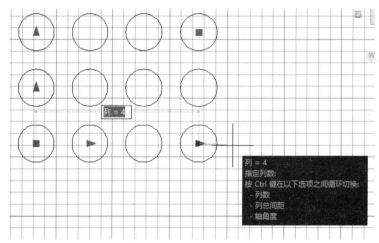

图 2.37　矩形阵列

3）路径阵列

选择对象及路径阵列对应的路径曲线。路径阵列如图 2.38 所示。

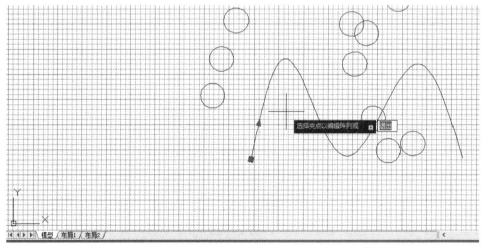

图 2.38　路径阵列

4)环形阵列

操作时,先在命令行中输入"ARRAY",接着选择对象,最后利用夹点进行项目、填充角度等参数设置或在命令行中直接选择相应参数设置。环形阵列如图2.39所示。

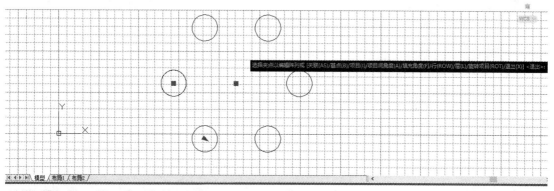

图2.39 环形阵列

2.1.12 改变位置类命令

1. 移动对象

扫一扫看改变位置类命令教学课件

"移动"命令可以将图形对象从一个位置移动到另一个位置,只改变对象的位置,不改变对象的大小。执行"移动"命令的方式和步骤如表2.19所示。

扫一扫看移动、旋转对象微课视频

表2.19 执行"移动"命令的方式和操作步骤

方式	执行"修改"→"移动"命令	
	单击"修改"工具栏上的"移动"按钮	
	在命令行中输入"MOVE"(M)	
操作步骤	位移法	指定位置法(常用)
	执行"移动"命令	
	选择要移动的对象	
	指定移动距离	捕捉移动对象基点

2. 旋转对象

1)"旋转"命令执行方式

(1)执行"修改"→"旋转"命令。

(2)单击"修改"工具栏上的"旋转"按钮。

(3)在命令行中输入"ROTATE"(RO)。

2)角度法旋转

指定角度旋转是"旋转"命令最常用的执行方式。

(1)选择旋转的对象。

(2)选定旋转的基点,通常选择图形对象上的点。

(3）设定对象要旋转的角度（默认逆时针旋转角度为正，顺时针旋转角度为负）。

3）参照法旋转

操作步骤如下。

（1）在命令行中输入"ROTATE"。

（2）选择需要旋转的对象。

（3）设置对象旋转中心点。

（4）选择参照法选项。

【实例 2.12】用旋转命令绘制出如图 2.40 所示的图形。

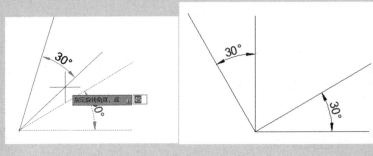

图 2.40　实例 2.12 图

3．缩放对象

"绘图"菜单下的"缩放"命令与"视图"菜单下的"缩放"命令不同。前者可以根据用户的需要将对象按指定比例因子相对于基点放大或缩小，真正改变了原有图形的大小，而后者仅仅改变图形在屏幕上的显示大小，图形本身尺寸无变化。

执行"缩放"命令的方式。

（1）执行"修改"→"缩放"命令。

（2）单击"修改"工具栏上的"缩放"按钮。

（3）在命令行中输入"SCALE"（SC）。

指定缩放的比例因子是"缩放"命令最常用的方法。

执行该命令先要选择需要缩放的对象，再选择要缩放对象的基点，最后指定缩放的比例因子，当比例因子大于 0 而小于 1 时，缩小对象；当比例因子大于 1 时，放大对象，如图 2.41 所示。

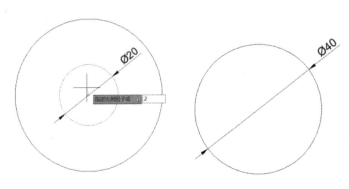

图 2.41　缩放图形

2.1.13 改变几何特性类命令

1. 修剪对象

在绘制图形的过程中,经常需要对图形进行修剪编辑。执行"修剪"命令需要掌握两点,一是确定修剪边界;二是确定被修剪的对象。

1)执行方式

(1)执行"修改"→"修剪"命令。
(2)单击"修改"工具栏上的"修剪"按钮。
(3)在命令行中输入"TRIM"(TR)。

2)简单图形的修剪

【实例 2.13】将如图 2.42(a)所示的直线 L1 与 L3、L4 相交于 A、B 点,修剪后如图 2.42(b)所示。
(1)在命令行中输入"TRIM"。
(2)选择修剪边界:直线 L1、L3 和 L4。
(3)按 Enter 键确认。
(4)选择被修剪的对象 A、B。

(a)修剪前   (b)修剪后

图 2.42 实例 2.13 图

3)复杂图形的修剪

在 AutoCAD 绘图过程中,所绘制的图形往往比较复杂,图线很多,此时如果仍然按照先选择修剪边界的方法操作会比较烦琐,因而当图形比较复杂时,可以先将图形全部选中,再逐一选取需要修剪的部分。

【实例 2.14】将如图 2.43(a)所示的图形修剪为如图 2.43(b)所示的图形。
操作步骤如下。
(1)在命令行中输入"TRIM"。
(2)将图形全部选中,按 Enter 键确认。
(3)逐一选取需要修剪的部分。

(a)修剪前   (b)修剪后

图 2.43 实例 2.14 图

2. 延伸对象

延伸是以指定的某一图形对象为边界,延长指定的对象与边界对象相交或外观相交。

执行"延伸"命令的方式。

(1)执行"修改"→"延伸"命令。

(2)单击"修改"工具栏上的"延伸"按钮。

(3)在命令行中输入"EXTEND"(EX)。

【实例 2.15】将图 2.44(a)通过延伸编辑成图 2.44(b)。

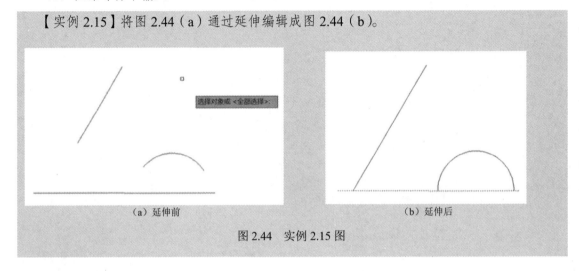

图 2.44 实例 2.15 图

3. 拉长对象

拉长主要用于改变选定直线、圆弧、椭圆弧、非闭合样条曲线与多段线的长度,对闭合的对象无效。

操作步骤如下。

(1)在命令行中输入"LENGTHEN"。

(2)选择增量(DE)。

(3)设置增量值。

(4)选择要拉长的对象。

拉长直线操作如图 2.45 所示。

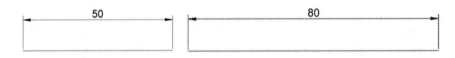

图 2.45 拉长直线操作

4. 倒角对象

倒角是对已经绘制好的图形进行倒角操作。

执行"倒角"命令的方式。

(1)执行"修改"→"倒角"命令。

(2)单击"修改"工具栏上的"倒角"按钮。

(3)在命令行中输入"CHAMFER"(CHA)。

扫一扫看圆角、分解微课视频

5. 圆角对象

圆角是对已经绘制好的图形进行圆角操作。当执行"圆角"命令后,应首先指定半径大小。执行"圆角"命令的方式。

(1) 执行"修改"→"圆角"命令。
(2) 单击"修改"工具栏上的"圆角"按钮。
(3) 在命令行中输入"FILLET"(F)。

注:若圆角的半径超过边长,则无法完成圆角操作。

6. 打断对象

打断分为两种:一是"打断点";二是"打断"。可以对直线、圆、圆弧、样条曲线等对象进行打断操作。

1)"打断点"命令

"打断点"命令用于打断所选的对象,将对象在一点处断开成为两个对象,并未删除其中的部分。

【实例 2.16】将如图 2.46 所示的直线在中点处打断成两部分。
操作步骤如下。
(1) 在命令行中输入"BREAK"。
(2) 选择对象。
(3) 指定第一个打断点。

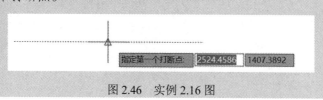

图 2.46 实例 2.16 图

2)"打断"命令

"打断"命令能在一个对象上打开一个缺口,也就是将原本连续的图形对象分解为两部分。执行"打断"命令时,要注意在对象上指定两个打断点。

【实例 2.17】将如图 2.47 所示的直线打断开口。
操作步骤如下。
(1) 在命令行中输入"BREAK"。
(2) 指定第一个打断点。
(3) 指定第二个打断点。

图 2.47 实例 2.17 图

7. 分解对象

分解可将多段线、矩形块、填充图案、尺寸等原本连续的整体图形分解成若干独立的对象。

执行"分解"命令的方式。
(1) 执行"修改"→"分解"命令。
(2) 单击"修改"工具栏上的"分解"按钮。

扫一扫看打断、合并、倒角微课视频

（3）在命令行中输入"EXPLODE"。

8. 合并对象

执行"合并"命令的方式。

（1）执行"修改"→"合并"命令。

（2）单击"修改"工具栏上的"合并"按钮。

（3）在命令行中输入"JOIN"（J），如图2.48所示。

（a）合并前　　　　　　　　　　　　　　（b）合并后

图 2.48　合并对象

9. 夹点编辑

在 AutoCAD 中选择对象时，在对象上将显示出若干蓝色小方块，这些就是被选中对象的夹点，夹点就是对象上的控制点。选择夹点后可以进行移动、拉伸、旋转等操作。

不同对象的夹点不同，直线、圆、矩形、正多边形、椭圆等夹点如图2.49所示。

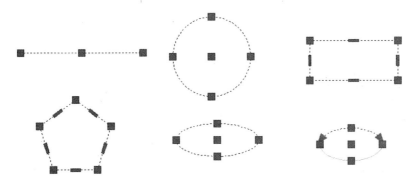

图 2.49　常见对象的夹点

2.1.14　精准绘图

扫一扫看精准绘图微课视频

扫一扫看精准绘图教学课件

在 AutoCAD 中除了可以利用命令进行图形绘制，还可以利用坐标法来进行精准绘图。在 AutoCAD 中会用到两大坐标系：一是世界坐标系（WCS），又称为固定坐标系或静态坐标系，其坐标原点是(0,0)或(0,0,0)；二是用户坐标系（UCS），又称为可变坐标系或动态坐标系，坐标原点可以由用户自定义。在二维图形绘制中，主要使用的是世界坐标系，也就是以(0,0)为坐标原点的坐标系。世界坐标分为直角坐标和极坐标。

1. 直角坐标

直角坐标的表示方法是(x,y)，即表示在 X 轴和 Y 轴上的位移。直角坐标分为两种：一是绝对坐标；二是相对坐标。绝对坐标与相对坐标的表示方法如图2.50所示。

绝对坐标：表示以坐标原点(0,0)为出发点，分别在 X 轴和 Y 轴上的位移，坐标间用逗号隔开。对于二维绘图，绝对坐标数据的输入格式为(X,Y)，如点(20,0)；三维坐标则是(X,Y,Z)。

相对坐标：表示相对于某一参照点，在 X 轴和 Y 轴上的位移。它的表示方法是在绝对坐标表达方式前加上"@"。对于二维绘图,相对坐标数据的输入格式为(@X,Y),如点(@0,30);三维坐标则是(@X,Y,Z)。

注:@输入必须在英文状态下才可以。

2. 极坐标

极坐标也分为两种:绝对极坐标和相对极坐标。绝对极坐标与相对极坐标的表示方法如图 2.51 所示。

绝对极坐标:表示以坐标原点(0,0)为出发点,当前点与坐标原点之间的距离,以及两点所构成的直线与 X 轴正方向的夹角度数,其中距离和角度用"<"分开,逆时针角度为正值,顺时针角度为负值,如点(45<60°)。

相对极坐标:相对极坐标中的角度是当前点和参考点的连线长度,以及与 X 轴的夹角。其格式为(@距离<角度),如点(@45<60°)。

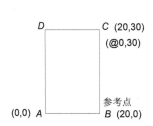

图 2.50 绝对坐标与相对坐标的表示方法

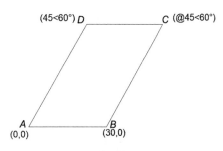

图 2.51 绝对极坐标与相对极坐标的表示方法

【实例 2.18】绘制如图 2.52 所示的梯形
操作步骤如下。
(1)执行"直线"命令。
(2)指定左下角为起点。
(3)输入(@40<60°)。
(4)按 F8 键开启"正交"功能,输入 20mm。
(5)输入(@40<-60°)。
(6)按 F3 键开启"对象捕捉"功能,捕捉左下角点,两点用一条直线连接(如果在图形绘制过程中,执行"直线"命令未中断,那么按 C 键图形即可自动闭合)。

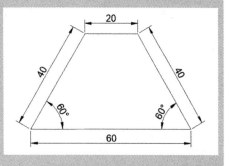

图 2.52 实例 2.18 图

2.1.15 尺寸标注

在电子产品绘制过程中,除了绘制图形,还需要对图形对象加以尺寸标注。

1. 尺寸标注的组成

尺寸标注由尺寸线、尺寸界线、尺寸箭头和尺寸数字 4 部分组成,如图 2.53 所示。尽管尺寸标注由 4 部分组成,但其是一个整体。

2. 尺寸标注的类型

AutoCAD 提供了十余种尺寸标注工具，执行这些标注命令的操作方法如下。

1）"标注"菜单

"标注"菜单下有多种标注类型，具体如图 2.54 所示。

图 2.53　尺寸标注的组成　　　　　图 2.54　标注菜单

2）"标注"工具栏

"标注"工具栏包含如图 2.55 所示的图标按钮。

图 2.55　"标注"工具栏

3. 标注样式管理器

执行"标注样式"命令的方式如表 2.20 所示。

扫一扫看尺寸样式微课视频

表 2.20　执行"标注样式"命令的方式

序号	执行方式
1	执行"格式"→"标注样式"命令
2	在"标注"工具栏中单击"标注样式管理器"按钮
3	在命令行中输入"DIMSTYLE"

执行"标注样式"命令后，弹出"标注样式管理器"对话框，如图 2.56 所示。

项目2 电子产品基础制图

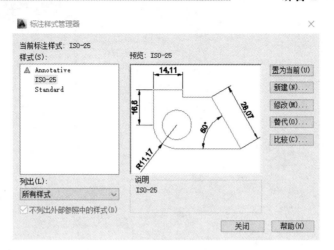

图2.56 "标注样式管理器"对话框

4．创建新标注样式

扫一扫看创建尺寸样式微课视频

创建新标注样式的步骤，如表2.21所示。

表2.21 创建新标注样式的步骤

序号	步骤
1	打开"标注样式管理器"对话框
2	单击"新建"按钮
3	在"创建新标注样式"对话框中的"新样式名"文本框中输入新样式名
4	在"基础样式"下拉列表中选择"ISO-25"选项，如图2.57所示
5	弹出"新建标注样式"对话框

5．"新建标注样式"的设置

"新建标注样式"对话框包括"线""符号和箭头""文字""调整""主单位""换算单位""公差"选项卡。

1）"线"选项卡

"线"选项卡可以设置尺寸线、尺寸界线。在"尺寸线"选区中，可以设置尺寸线的颜色、线型、线宽、超出标记和基线间距等参数；在"尺寸界线"选区中，可以设置尺寸界线的颜色、线型、线宽和起点偏移量等参数，如图2.58所示。

图2.57 "创建新标注样式"对话框

2）"符号和箭头"选项卡

"符号和箭头"选项卡可以设置箭头、圆心标记、弧长符号等参数，如图2.59所示。

3）"文字"选项卡

"文字"选项卡可以对文字外观、文字位置和文字对齐进行设置，如图2.60所示。

79

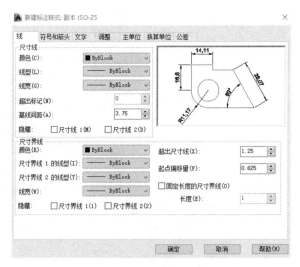

图 2.58 "线"选项卡

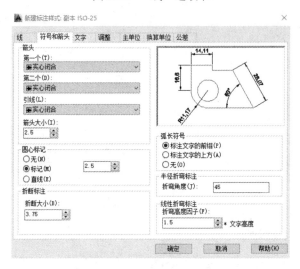

图 2.59 "符号和箭头"选项卡

图 2.60 "文字"选项卡

项目 2　电子产品基础制图

4)"调整"选项卡

"调整"选项卡包含调整选项、文字位置、标注特征比例和优化四个选区,可以设置标注文字、尺寸线、尺寸箭头的位置等参数,如图 2.61 所示。

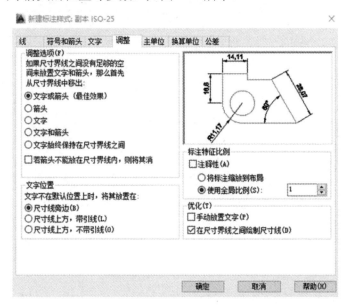

图 2.61　"调整"选项卡

5)"主单位"选项卡

"主单位"选项卡包含线性标注、测量单位比例、消零和角度标注 4 个选区,如图 2.62 所示。

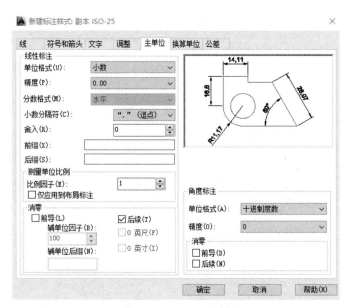

图 2.62　"主单位"选项卡

6)"换算单位"选项卡

通过换算单位的设置,可以在不同测量单位制之间转换使用标注,"换算单位"选项卡如

电子产品 AutoCAD 制图

图 2.63 所示。

图 2.63 "换算单位"选项卡

7)"公差"选项卡

在"公差"选项卡中,可以设置标注文字中的公差格式及显示方式,如图 2.64 所示。所有参数设置完成后,单击"确定"按钮,"样式"列表框中将显示新的尺寸标注样式。

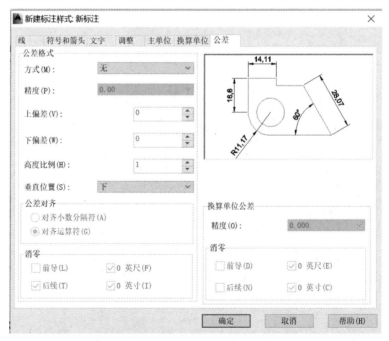

图 2.64 "公差"选项卡

6. 线性尺寸标注

线性尺寸标注是指标注选定的两点之间的水平或垂直距离的尺寸。

项目 2　电子产品基础制图

操作步骤如下。

（1）执行"标注"→"线性标注"命令。

（2）选定第一个尺寸界线点。

（3）指定第二个尺寸界线点。

线性尺寸标注如图 2.65 所示。

7．对齐标注

对齐标注用于标注倾斜的对象，尺寸线平行于标注对象。

操作步骤如下。

（1）执行"标注"→"对齐标注"命令。

（2）选定第一个尺寸界线点。

（3）指定第二个尺寸界线点。

对齐标注如图 2.66 所示。

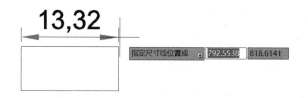

图 2.65　线性尺寸标注

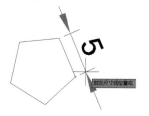

图 2.66　对齐标注

8．角度标注

角度尺寸标注用于标注两条直线之间的角度。

操作步骤如下。

（1）执行"标注"→"角度标注"命令。

（2）选定第一条直线。

（3）选定第二条直线。

角度标注如图 2.67 所示。

9．半径标注

操作步骤如下。

（1）执行"标注"→"半径标注"命令。

（2）选定需要标注的对象。

半径标注如图 2.68 所示。

10．直径标注

操作步骤如下。

（1）执行"标注"→"直径标注"命令。

（2）选定需要标注的对象。

直径标注如图 2.69 所示。

 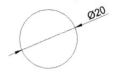

图 2.67　角度标注　　　　图 2.68　半径标注　　　　图 2.69　直径标注

注：圆弧标注时，大于半圆的圆弧标直径；小于半圆的圆弧标半径。

11．连续标注

连续标注是对连续的直线尺寸加以标注。

操作步骤如下。

（1）执行"标注"→"连续标注"命令。

（2）捕捉选定第一个连续尺寸的第二条尺寸界线点。

（3）捕捉选定第二个连续尺寸的第二条尺寸界线点。

（4）捕捉选定第三个连续尺寸的第二条尺寸界线点，以此类推。

连续标注如图 2.70 所示。

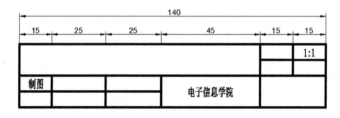

图 2.70　连续标注

12．基线标注

基线标注是以一条尺寸边界线为基线的尺寸标注，可以利用"基线标注"进行快速标注。

操作步骤如下。

（1）执行"标注"→"基线标注"命令。

（2）捕捉选定第一个基线尺寸的第二条尺寸界线点。

（3）捕捉选定第二个基线尺寸的第二条尺寸界线点。

（4）捕捉选定第三个基线尺寸的第二条尺寸界线点，以此类推。

基线标注如图 2.71 所示。

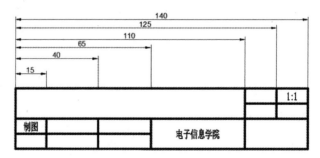

图 2.71　基线标注

13. 尺寸编辑

操作步骤如下。

(1) 在命令行中输入"DIMEDIT"。

(2) 输入标注编辑类型[默认(H)/新建(N)/旋转(R)/倾斜(O)]〈默认〉：N（新建），如图 2.72 所示。

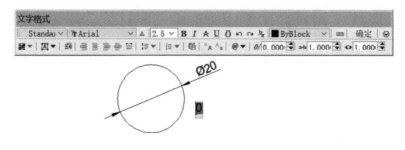

图 2.72　尺寸编辑

(3) 选择编辑对象。

2.1.16　三视图

通常二维图形多为单一视图，只能从某个方位来反映物体的形状，无法完全反映物体的整体结构，这是二维图形普遍存在的一个缺陷。三视图用来反映物体的长、宽、高，对物体几何形状进行抽象表达，它通常由 3 个基本视图组成：主视图、左视图和俯视图。

1. 三视图的定义

三视图就是主视图（正视图）、左视图（侧视图）和俯视图的总称。

2. 三视图的构图规则

(1) 主视图和俯视图长对正。
(2) 主视图和左视图高平齐。
(3) 俯视图和左视图宽相等。

三视图尺寸关系如图 2.73 所示，28mm 是长，15mm 是宽，22mm 是高。

3. 三视图的画图思路

1）拆分

将较为复杂的组合体图形拆分为若干形体，并确定它们的组合形式。

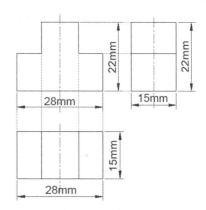

图 2.73　三视图尺寸关系

2）确定主视图

在 3 个基本视图中，主视图是最主要的视图，要优先考虑。

(1) 主视图尽可能处于水平或垂直的位置。
(2) 确定主视投影方向。

要优先选择最能反映组合体的形体特征,以及和各个基本体之间相互关系的位置。

3)选定比例

比例优先选用 1:1,便于预估图形的大小。

4)选定图幅

根据选定的比例,以及长、宽、高估计出 3 张图的大致面积,并在 3 张图之间留下适当的间距和标注位置,以便选择合适的图幅。

5)基准线

绘制每个视图的参考线,确定每个视图在图纸上的具体位置。基线通常采用对称的中心线、轴线和较大平面,依次绘制 3 张图。

4.画法原则

(1)先画实体,后画挖空部分。

(2)先画大形体,后画小形体。

(3)先画轮廓,后画细节。

注:对称图形、半圆和大于半圆的圆弧必须画出对称中心线,回转体一定要画出轴线。对称中心线和轴线用细点画线,可见部分用粗实线,不可见部分用虚线。

5.位置关系

主视图在图纸的左上方,左视图在主视图的右方,俯视图在主视图的下方,如图 2.74 所示。

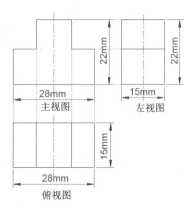

图 2.74　三视图的位置关系

2.2 工作任务

2.2.1 绘制零件图

1.任务目标

(1)熟悉样板文件的调用方法。

(2)掌握利用辅助绘图工具绘图的方法。

项目2 电子产品基础制图

(3)掌握直线、矩形、多边形命令的使用方法。

(4)掌握尺寸标注的方法。

2.任务内容

有一种图纸叫作零件图,用于表示电子产品中某一需要加工的零部件或元器件的外形和结构。以如图2.75所示的电子产品零件图为例,练习绘制零件图。

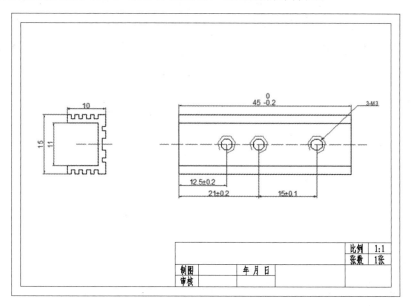

图2.75 电子产品零件图

3.任务实施

1)调用样板文件

调用"作业样板",保存为"零件图"文件,如图2.76所示。

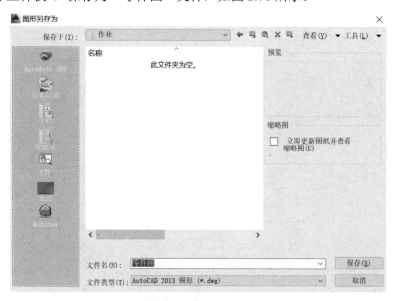

图2.76 "零件图"文件

电子产品 AutoCAD 制图

2）设置自行保存

设置 5 分钟自动保存一次，如图 2.77 所示。

图 2.77　设置自动保存

3）创建图层

按照表 2.22，创建零件图图层，如图 2.78 所示。

表 2.22　零件图图层

图层名	颜色	线型	线宽
粗实线	白色	Continuous	0.5
细实线	白色	Continuous	默认
辅助线	蓝色	Continuous	默认
中心线	洋红色	ACAD.ISO02W100	默认
标注	红色	Continuous	默认

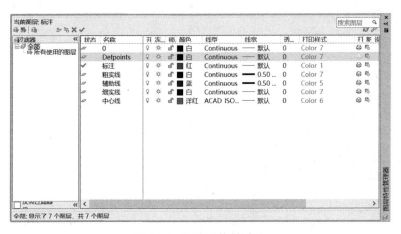

图 2.78　创建零件图图层

项目2 电子产品基础制图

4）绘制零件图线条

（1）设置"粗实线"图层为当前图层。

（2）执行"绘图"→"直线"命令,绘制长度为11mm的垂直直线。

（3）切换"中心线"图层,过11mm直线的中点,绘制散热器的中心线。

（4）切换回"粗实线"图层,执行"直线"命令,取11mm直线的端点为起点,沿水平向左方向,先绘制8mm水平直线,再垂直向上绘制2mm直线,接着绘制1mm直线,以此类推,逐一完成如图2.79所示的图形。

（5）利用"对象捕捉"和"对象追踪"功能绘制完成如图2.80所示的图形。以图中螺钉为中心做一个半径为1.5mm的正六边形和半径为2.3mm的正七边形。

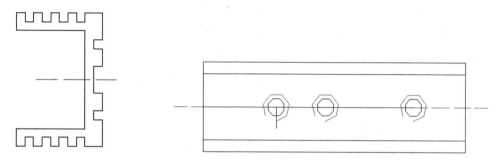

图2.79 散热器零件图1　　　　　图2.80 散热器零件图2

5）尺寸标注

切换到"尺寸标注"图层,进行尺寸标注。标注前,需要先进行标注样式的设置。

（1）新建"副本 ISO-25"标注样式,打开"修改标注样式"对话框。

（2）在"主单位"选项卡下,将"小数分隔符"设置为"."（句点）,如图2.81所示。

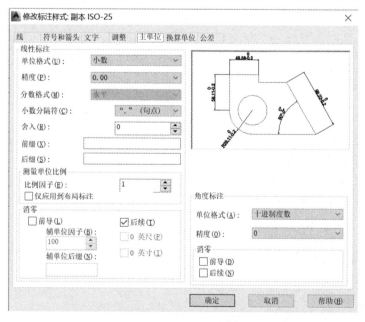

图2.81 设置小数分隔符

（3）在"公差"选项卡的"公差格式"选区中,将"方式"设置为"极限偏差","上偏差"设置为"0","下偏差"设置为"0.2",如图 2.82 所示。

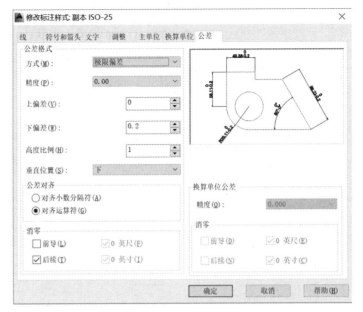

图 2.82　设置公差格式

(4) 完成如图 2.83 所示的全部尺寸标注。

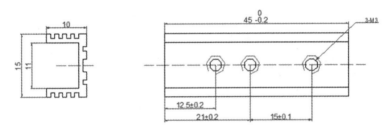

图 2.83　全部尺寸标注

2.2.2　绘制面板布置图

1. 任务目标

(1) 熟悉辅助线的绘制方法。
(2) 掌握利用辅助绘图工具绘图的方法。
(3) 掌握圆、偏移、阵列等命令的使用方法。
(4) 掌握图案填充的使用方法。

2. 任务内容

面板布置图属于电子产品设计图纸中的工艺类图纸,完成如图 2.84 所示的某信号发生器面板布置图的绘制。

3. 任务实施

(1) 执行"格式"→"图层"命令,打开"图层特性管理器"对话框,按图 2.85 进行图层设计。

项目 2 电子产品基础制图

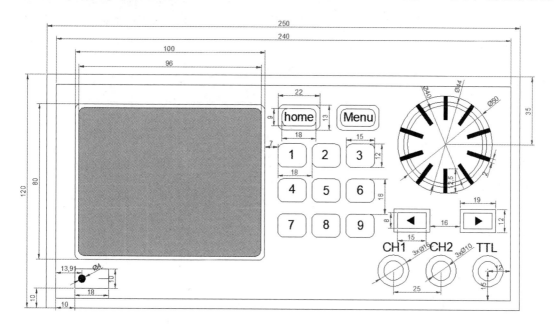

图 2.84 信号发生器面板布置图

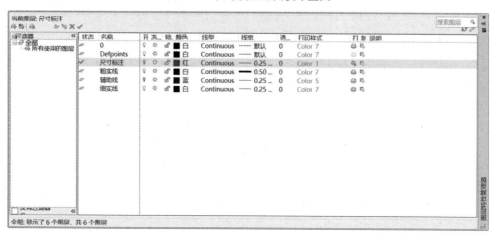

图 2.85 图层设计

（2）将"辅助线"图层设置为当前图层。执行"绘图"→"直线"命令，结合图 2.84 的尺寸，绘制辅助线，如图 2.86 所示。

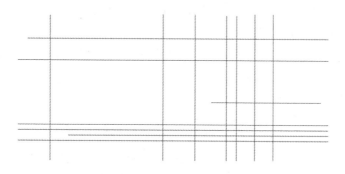

图 2.86 绘制辅助线

（3）切换至"粗实线"图层，执行"绘图"→"矩形"命令，绘制250mm×120mm的矩形框（见图2.87）。

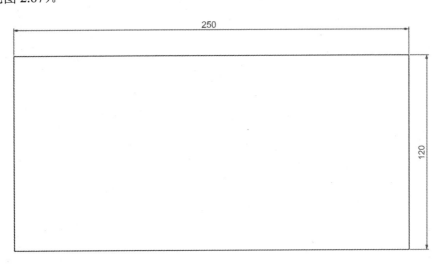

图2.87 矩形框

（4）执行"修改"→"偏移"命令，偏移距离为5mm，将250mm×120mm的矩形框向内偏移（见图2.88）。

图2.88 矩形内框

（5）执行"绘图"→"矩形"命令，绘制100mm×80mm的显示屏外框；执行"修改"→"偏移"命令，向内偏移2mm，绘制显示屏矩形内框，圆角半径为3mm。

（6）执行"绘图"→"图案填充"命令，将显示屏填充为青色（见图2.89）。

（7）绘制22mm×13mm的矩形框，执行"修改"→"偏移"命令，向内偏移2mm。按键图形如图2.90所示。

（8）绘制15mm×12mm的矩形框，圆角半径为3mm。执行"修改"→"矩形阵列"命令，列数为3列，列间距为18mm，行数为3行，行间距为18mm（见图2.91）。

（9）执行"圆"命令绘制3个同心圆，绘制12.5mm×2mm的矩形框，填充为黑色，执行"修改"→"环形阵列"命令，"项目数"设置为10，如图2.92所示。

项目 2　电子产品基础制图

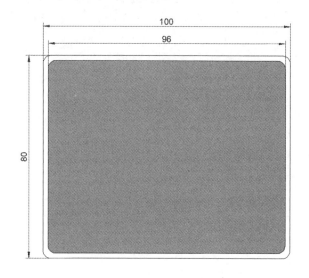

图 2.89　将显示屏填充为青色

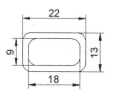

图 2.90　按键图形

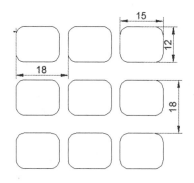

图 2.91　按键阵列

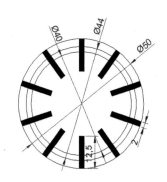

图 2.92　绘制 3 个同心圆

（10）圆形调节旋钮下方的左右按钮，可以通过执行"修改"→"镜像"命令实现，如图 2.93 所示。

（11）执行"工具"→"新建 UCS"→"原点"命令，将面板内框左下角点设置为新的坐标原点，单击"矩形"绘图工具，左下角点输入(10,5)，对角点坐标输入(@18,10)，以坐标(13.91,15)为圆心，半径为 2mm 绘制一个圆，并填充为黑色，如图 2.94 所示。

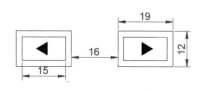

图 2.93　左右按钮

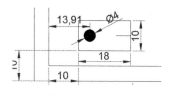

图 2.94　电源开关

（12）将面板内框右下角点设置为新的坐标原点，以坐标(-12,15)为圆心，分别以半径为 5mm 和 8mm 绘制两个同心圆,沿水平向左方向间隔 25mm，分别复制两个相同的同心圆接口，如图 2.95 所示。

（13）执行"绘图"→"文字"→"单行文字"命令，字高 4.5mm，如图 2.96 所示。

93

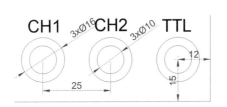

图 2.95 同心圆接口

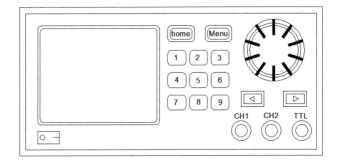

图 2.96 标注文字

(14) 切换至"尺寸标注"图层完成图中尺寸标注,如图 2.84 所示。

2.2.3 绘制三视图

1. 任务目标

(1) 熟悉三视图的相关知识。

(2) 掌握三视图的绘图方法。

(3) 熟练掌握二维图形的绘制方法。

(4) 熟练运用二维图形编辑命令。

2. 任务内容

在电子产品设计中,为了更好地表达出产品的结构形状,图纸也会选用三视图的方式来表达。以某一电子产品零件的三视图(见图 2.97)为例,练习绘制三视图。

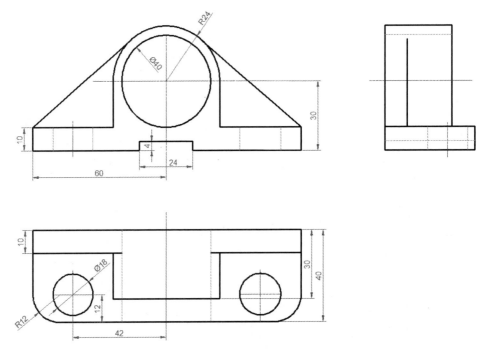

图 2.97 电子产品零件的三视图

3. 任务实施

1）调用样板文件

调用"作业样板"创建"零件三视图"文件,标题栏图名为"零件三视图",字高 7mm,如图 2.98 所示。

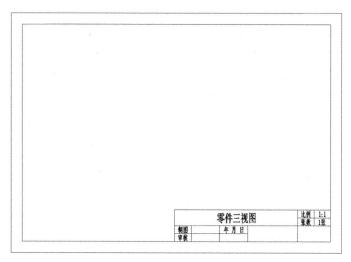

图 2.98 "零件三视图"文件

2）新建图层

执行"格式"→"图层"命令,新建图层如图 2.99 所示。

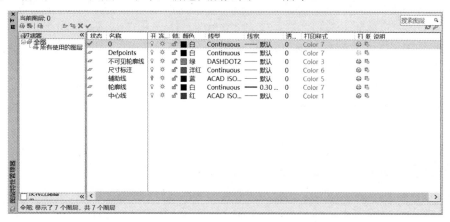

图 2.99 新建图层

3）绘制主视图

绘制主视图,如图 2.100 所示。

（1）将图层切换到"中心线"图层,主视图是中心对称图形,根据图 2.100 所标注的尺寸,执行"绘图"→"直线"命令,设置一条长度为 30mm 的垂直直线,取直线的上端点为起点,垂直向上绘制一条长度为 24mm 的直线,在两条直线的相交点处绘制一条水平直线,在 30mm 直线左侧间距 42mm 处绘制一条垂直直线,主视图的中心线绘制完成,如图 2.101 所示。

（2）切换到"轮廓线"图层,取中心线的交点为圆心,分别以直径 40mm、半径 24mm,绘制两个同心圆,如图 2.102 所示。

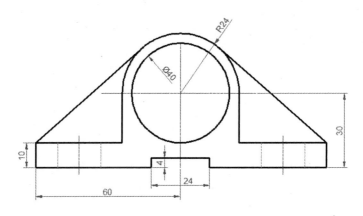

图2.100 主视图

图2.101 主视图的中心线　　　　　　　图2.102 同心圆

（3）以30mm中心线下端点为起点，绘制一条水平向左，长度为60mm的直线；沿60mm直线的左侧端点，垂直向上绘制一条长度为10mm的直线；沿半径为24mm圆的左侧象限点，绘制一条长度为20mm的垂直直线；将20mm垂直直线的下端点与10mm直线的上端点连接；将10mm直线的上端点和半径24mm圆的左侧切点相连；沿30mm中心线下端点，绘制一条垂直向上的4mm直线；沿4mm直线的上端点绘制一条水平向左的12mm的直线；沿12mm直线的左侧端点绘制一条垂直直线，与60mm水平直线相交；执行"修剪"命令，按照图2.100进行修剪，所绘制图形如图2.103所示。

（4）切换至"不可见轮廓线"图层，在距左下角中心线与60mm直线交点9mm处，垂直向上绘制长度为10mm的直线；利用"镜像"，将10mm直线沿中心线镜像；执行"镜像"命令，将图形整体选中，以30mm中心线为镜像线，完成镜像；执行"修剪"命令，按照图2.100进行修剪，最终如图2.104所示。

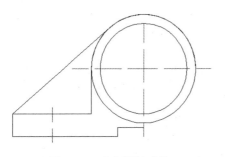
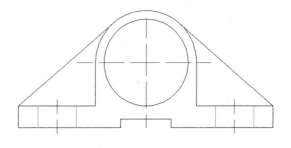

图2.103 主视图轮廓线　　　　　　　图2.104 最终的主视图

4)绘制俯视图

绘制完主视图,绘制俯视图,如图2.105所示。

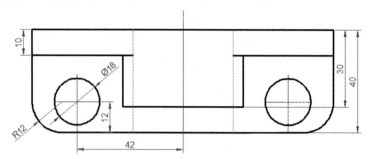

图2.105 俯视图

切换至"中心线"图层,利用"对象追踪"功能,沿主视图30mm中心线位置,绘制一条长度为40mm的中心线;沿40mm中心线下端点绘制一条水平向左长度为60mm的直线;利用"对象追踪"功能,沿主视图左下角中心线的垂直轨迹线与60mm直线的相交点,绘制垂直向上长度为12mm的中心线;沿12mm中心线上端点绘制一条水平直线,将两条相交的中心线拉长;以中心线交点为圆心绘制一个直径为18mm的圆;利用"对象追踪"功能,沿主视图对应位置,完成俯视图轮廓线绘制,最终如图2.106所示。

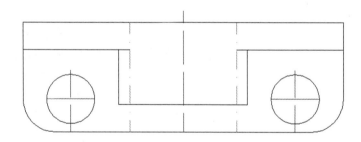

图2.106 最终的俯视图

5)绘制左视图

绘制左视图,如图2.107所示。

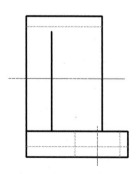

图2.107 左视图

利用"对象追踪"功能,沿主视图轨迹完成左视图绘制。

6)尺寸标注

切换至"尺寸标注"图层完成三视图尺寸标注,最终效果如图 2.108 所示。

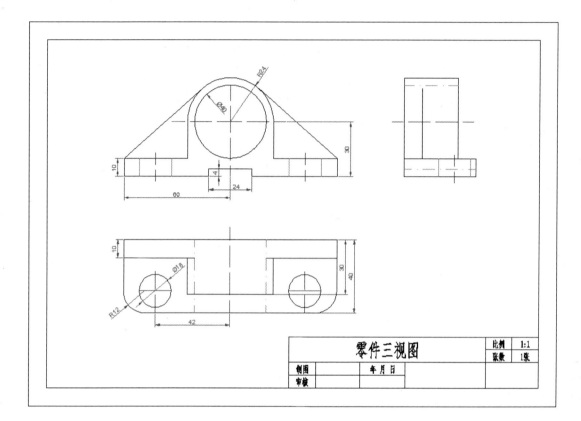

图 2.108 最终的零件三视图

2.2.4 绘制轴测图

1. 任务目标

(1)熟悉设置图形界限的方法,根据轴测图的大小和复杂程度设置图形界限。
(2)掌握设置图层的方法。
(3)掌握建立绘制轴测图的直角坐标系的方法。
(4)熟练尺寸标注的方法。

2. 任务内容

轴测图是在单一投影面上得到,能同时反映物体长、宽、高 3 个方向尺寸,具有立体感的图形。正因如此,轴测图在电子产品设计中得到了广泛应用,虽然是二维图形,但是能呈现三维效果。在设计中,用轴测图帮助构思、想象物体的形状,以弥补正投影图的不足。轴测图中一般只用粗实线绘制物体可见轮廓线。

本次任务是绘制如图 2.109 所示的某产品的机箱轴测图。

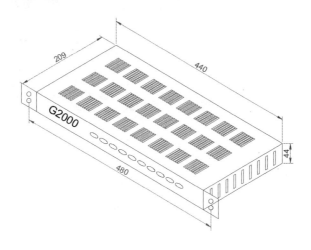

图 2.109　机箱轴测图

3. 任务实施

1）设置图层

按照图 2.110 设置图层。

状态	名称	开	冻...	锁.	颜色	线型	线宽	透...	打印样式
	0				白	Continuous	—— 默认	0	Color 7
	Defpoints				白	Continuous	—— 默认	0	Color 7
✓	尺寸标注				红	Continuous	—— 默认	0	Color 1
	绘图				白	Continuous	—— 默认	0	Color 7
	辅助线				白	Continuous	—— 默认	0	Color 7

图 2.110　设置图层

2）切换图层

将图层切换到“绘图”图层，在状态栏中右击“捕捉”按钮，选择“设置”选项，在“草图设置”对话框中的“捕捉类型”选区中单击“等轴测捕捉”单选按钮，如图 2.111 所示。

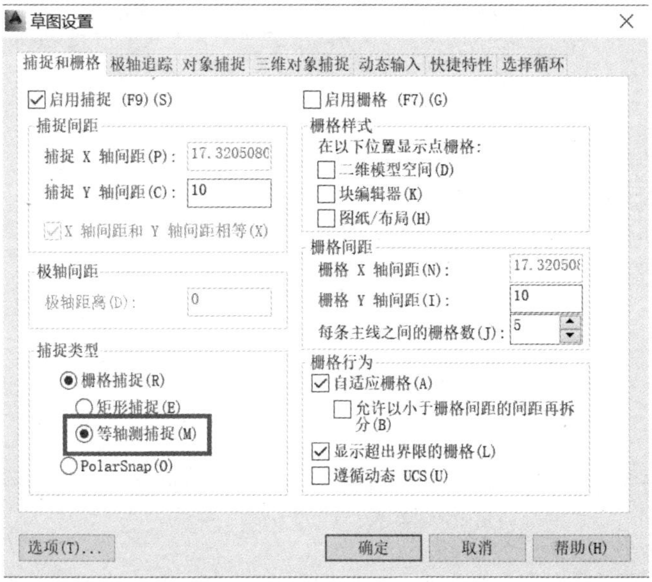

图 2.111　设置等轴测捕捉

3)改变鼠标方向

捕捉设置完成后,改变鼠标方向(见图2.112),按F5键可以切换鼠标方向,便于绘制轴测图。

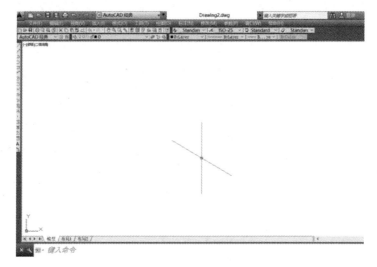

图 2.112　改变鼠标方向

4)绘制右侧板

(1)执行"直线"命令,绘制宽209mm,高44mm的直线。

(2)捕捉44mm直线的中点做平行于宽线的辅助线。

(3)执行"格式"→"点样式""⊕"命令。

(4)"绘图"→"点"→"定数等分"命令,将"等分数"设置为"10"。

(5)执行"直线"命令,绘制30mm×5mm的四边形;执行"复制"命令,以四边形中心点为基点,捕捉等分点中心点,依次放置四边形,如图2.113所示。

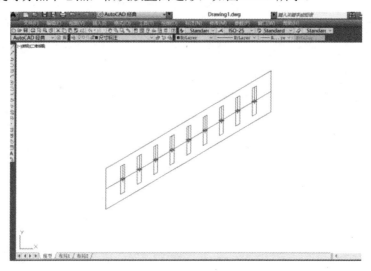

图 2.113　右侧板

5)绘制左侧板

选中右侧板中的左右44mm直线和顶部的209mm直线,执行"复制"命令,选中基点,

移动距离为 440mm。

6）绘制前面板和顶板

执行"直线"命令，将左右侧板的对应点连接成线，构成前面板和顶板。

7）绘制前面板

在面板右侧执行"直线"命令，绘制长 40mm，高 44mm 的四边形，捕捉 44mm 中点，绘制直线，三等分，在等分点上绘制半径为 5mm 的两个圆，选中线和圆，复制到左侧。在面板上输入字高 15mm，"G2000"文字，旋转-30°。绘制椭圆长轴 10mm，短轴 5mm，沿面板方向复制 10 个，如图 2.114 所示。

8）绘制顶板

以距离顶板左下角点水平 32mm，垂直向上 26mm 的点为起点，绘制长 35mm，宽 3mm 的四边形，选中四边形复制，选中基点，选择阵列，一行 6 列，列间距为 5mm；依照此方法绘制沿顶板长度方向上，列间距为 47mm 的阵列；绘制沿顶板宽度方向上，行间距为 61mm 的阵列，如图 2.115 所示。

图 2.114　前面板

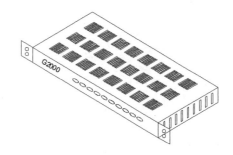

图 2.115　顶板

9）尺寸标注

切换至"尺寸标注"图层，"对齐标注"分别标注尺寸，执行"标注"→"倾斜"命令，分别修改尺寸，长度标注倾斜 90°，宽度 150°，高度 30°。尺寸标注数字看不到时，在"标注样式"中调整，将"全局比例"设置为"5"，如图 2.116 所示。

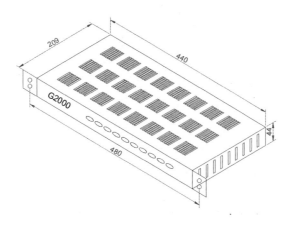

图 2.116　尺寸标注

电子产品 AutoCAD 制图

2.3 任务拓展知识

1. 反选对象

1) 快速选择

(1) 执行"工具"→"快速选择"命令,如图 2.117 所示。

(2) 打开"快速选择"对话框,按照图 2.118 进行设置。

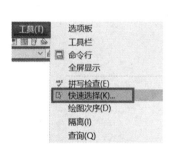

图 2.117 快速选择

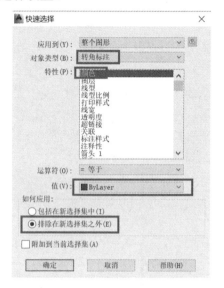

图 2.118 设置快速选择参数

(3) 设置完后,单击"确定"按钮,结果如图 2.119 所示。

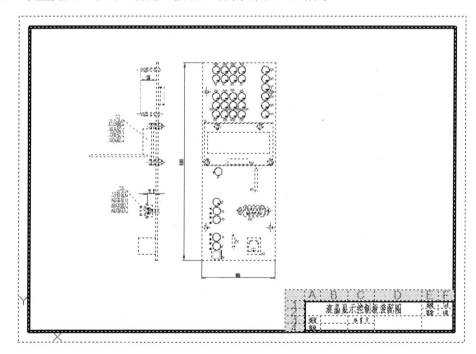

图 2.119 反选对象

项目2 电子产品基础制图

2）撤销选中

撤销选中对象的方法有以下两种。

（1）按住 Shift 键，利用点选或框选的方法选择要撤销选中的对象。

（2）选中对象后，执行某一命令，当提示为"选择对象"时，在命令行中输入"r"，可利用点选或框选的方式撤销选中的对象。例如，执行"复制"命令，选中对象，在命令行中输入"r"，如图 2.120 所示。

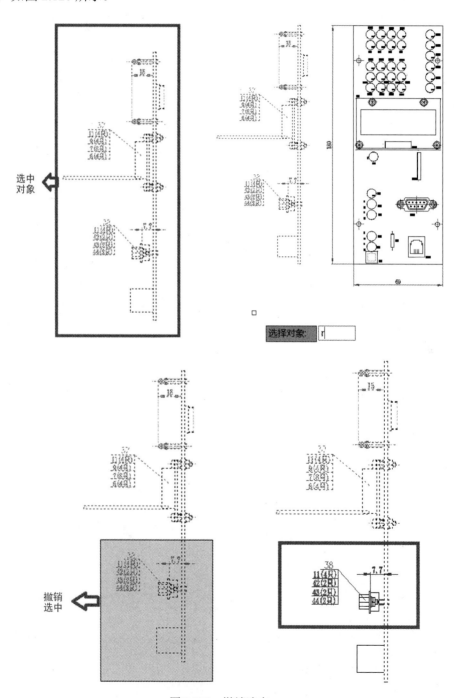

图 2.120　撤销选中

3）隐藏对象

在多个图形对象中选择需要剔除的图形，右击打开快捷菜单，设置为隐藏。操作步骤如下。

（1）选中需要剔除的两个圆，如图 2.121 所示。

（2）右击打开快捷菜单，执行"隔离"→"隐藏对象"命令，如图 2.122 所示。

（3）两个圆被隐藏，如图 2.123 所示。

（4）执行"隔离"→"结束对象隔离"命令，隐藏图形正常显示。

图 2.121　选中图形　　　　　图 2.122　隐藏对象　　　　　图 2.123　图形被隐藏

隐藏状态是不保存的，下次打开图纸时被隐藏的对象会显示出来。

4）隔离对象

操作步骤如下。

（1）选中图中一个圆，如图 2.124 所示。

（2）右击打开快捷菜单，执行"隔离"→"隔离对象"命令，如图 2.125 所示。

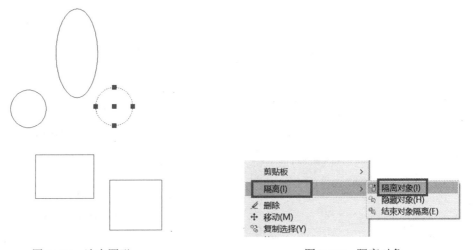

图 2.124　选中图形　　　　　　　　　　　图 2.125　隔离对象

（3）除所选对象之外的其他所有对象全部消失，如图 2.126 所示。

项目 2　电子产品基础制图

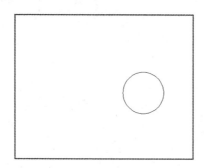

图 2.126　图形被隔离

2. 获取 AutoCAD 图纸中图形的数据

1）查询

如需查询图形相关数据，可以在"工具"菜单下，选择"查询"选项，选择所需数据类型，如图 2.127 所示。

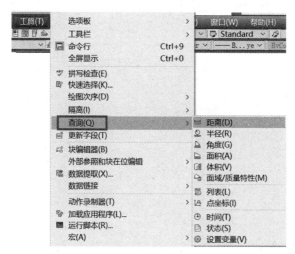

图 2.127　查询

例如，查询图中某一线段的长度，执行"工具"→"查询"→"距离"命令，选择所要查询的线段，查询结果如图 2.128 所示。

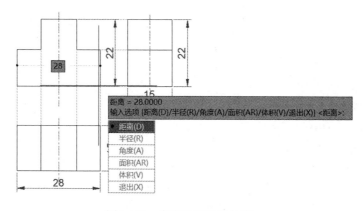

图 2.128　查询某线段的长度

如果需要查询完整信息，可以执行"List"或"工具"→"查询"→"列表"命令，选择需要查询的图形对象，查询结果将在文本窗口中显示，如图 2.129 所示。

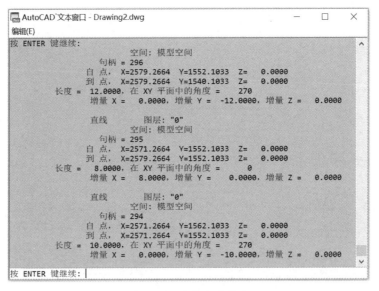

图 2.129　查询完整信息

2）提取 CAD 属性

（1）在命令行中输入"DATAEXTRACTION"或执行"工具"→"数据提取"命令。

（2）打开如图 2.130 所示的对话框。

（3）创建新的数据，设置保存文件。

（4）定义数据源，如图 2.131 所示。

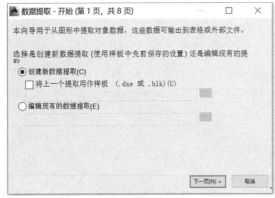

图 2.130　"数据提取"对话框　　　　图 2.131　定义数据源

（5）选择对象，如图 2.132 所示。

（6）选择特性，如图 2.133 所示。

（7）优化数据，如图 2.134 所示。

（8）选择输出，如图 2.135 所示。

（9）表格样式，如图 2.136 所示。

（10）数据提取完成，如图 2.137 所示。

项目 2　电子产品基础制图

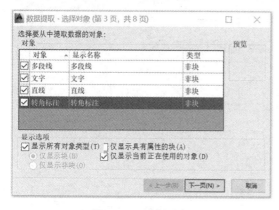

图 2.132　选择对象　　　　　　　　图 2.133　选择特性

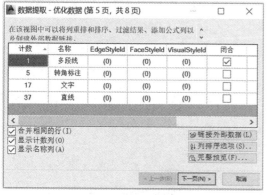

图 2.134　优化数据　　　　　　　　图 2.135　选择输出

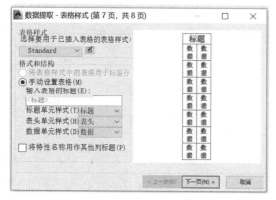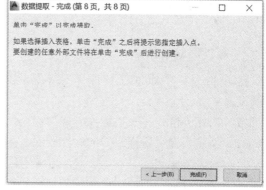

图 2.136　表格样式　　　　　　　　图 2.137　数据提取完成

3．调整图形的前后顺序

绘制图形中有填充或图形重叠情况时，需要调整图形的前后顺序。

1）默认顺序

在 AutoCAD 中图形的默认顺序一般为，先创建的图形在下面，后创建的图形在上面。当出现互相遮挡的情况时，可以手动调整图形顺序。

2）手动调整图形顺序

（1）在命令行中输入"DRAWORDER"。

电子产品 AutoCAD 制图

（2）执行"工具"→"绘图次序"命令，如图 2.138 所示。

图 2.138　绘图次序

（3）"绘图次序"工具栏如图 2.139 所示。

（4）选择图形后右击，在弹出的快捷菜单中选择"绘图次序"选项，如图 2.140 所示。

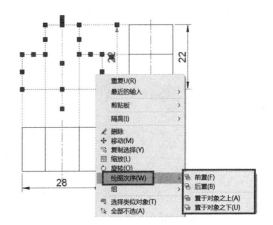

图 2.139　"绘图次序"工具栏　　　　图 2.140　选择"绘图次序"选项

4．标注时显示单位

在 AutoCAD 中标注尺寸时，一般不显示单位，若需要显示单位，则需要在"标注样式"中进行设置。

（1）执行"格式"→"标注样式"命令，如图 2.141 所示。

（2）创建名为"新样式"的标注样式，如图 2.142 所示。

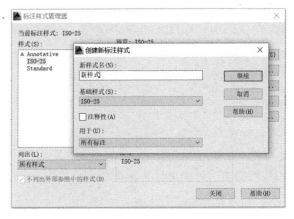

图 2.141　标注样式　　　　图 2.142　"新样式"标注样式

(3)打开"主单位"选项卡,在"后缀"文本框中输入"mm",如图 2.143 所示。

(4)标注尺寸显示单位,如图 2.144 所示。

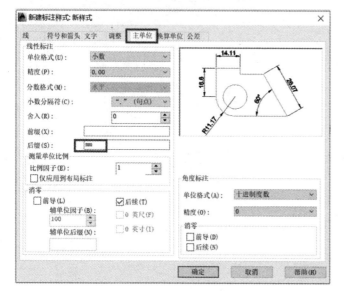

图 2.143 设置后缀

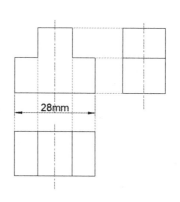

图 2.144 显示单位

思考与练习 2

1. AutoCAD 分成哪种坐标系?坐标的输入方法共几种,分别是什么?

2. 以 A 点为圆心绘制一个半径为 12mm 的圆,过圆心 A 绘制一条长度为 50mm 的直线 AB,过 AB 的中点 C 绘制一条长度为 40mm 的水平直线 CD,过 D 点绘制一条与 AB 平行的直线 DE,最后以 E 点为圆心绘制一个同样大小的圆(见图 2.145)。

3. 在图 2.146 中,将图形 AB 复制到 B 点和 E 点的延长线相交点处,生成图形 CD。

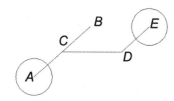

图 2.145 习题 2 图

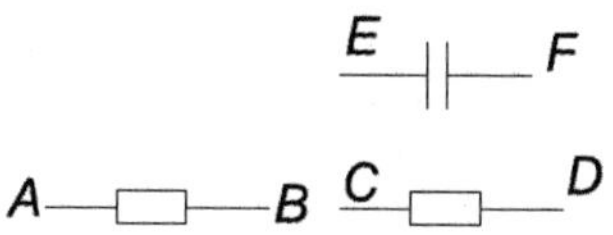

图 2.146 习题 3 图

4. 利用精准绘图法绘制图 2.147。

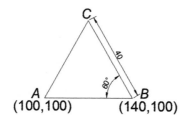

图 2.147 习题 4 图

5. 绘制如图 2.148 所示的二维图形。

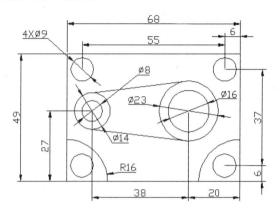

图 2.148　习题 5 图

项目 3 电子产品模块化制图

3.1 知识准备

扫一扫看图块及其属性教学课件

3.1.1 图块及其属性

在电子产品设计制图中,有些图形或符号需要大量、反复使用,如果每次绘图时都重新绘制,则会增加制图员的工作量,影响工作效率。使用 AutoCAD 制图时,使用者可以利用"创建图块"这一功能,将需要大量、反复使用的图形或符号制成图块保存,有时还可以创建为图形库,以便在制图过程中,随时提取和应用,大大提升制图的工作效率。

1. 图块的特点

AutoCAD 中的"图块"是一个或多个图形对象的集合,主要用于绘制复杂、重复的图形。图块的特点如表 3.1 所示。

表 3.1 图块的特点

序号	特点
1	便于调用:将常用的符号做成图块的形式,便于反复调用
2	节省存储空间:避免重复,节省存储空间
3	包含属性:属性可将信息项和图形中的图块相关联

2. 创建图块

扫一扫看创建图块微课视频

要想使用图块，就要创建图块。

1）命令的执行方式

执行"创建块"命令有以下几种方式（见表3.2）。

表3.2 执行"创建块"命令的方式

序号	执行方式
1	执行"绘图"→"块"→"创建"命令（见图3.1）
2	单击"绘图"工具栏中的"块"按钮，打开"块定义"对话框
3	在命令行中输入"BLOCK"

2）"块定义"对话框

执行"创建块"命令后，打开"块定义"对话框，如图3.2所示。

图3.1 创建块　　　　　　　　　图3.2 "块定义"对话框

3）选项功能

"块定义"对话框中各选区的功能如下。

（1）"名称"文本框：用于给图块命名，便于图块的保存及用户查找使用（见图3.3）。

（2）"基点"选区（见图3.4）：用于插入基点的选择。"拾取点"按钮利用鼠标指针直接在图块上选取；"X Y Z"指定坐标点，默认坐标为(0,0,0)。

为了在调用图块时更好地控制插入点，一般多采用"拾取点"的方式在图形对象上选取基点。

图3.3 "名称"文本框　　　　　　图3.4 "基点"选区

项目3 电子产品模块化制图

(3)"对象"选区:对图形对象进行选择(见图3.5)。勾选"在屏幕上指定"复选框,创建为图块后,用鼠标指针在屏幕上指定某点为插入点;"选择对象"按钮选取需要创建成图块的对象;"保留"单选按钮将原有图形仍以原图的形式保留在当前文件中;"转换为块"单选按钮将原有图形转化为图块的形式;"删除"单选按钮将原有图形删除,不保留。

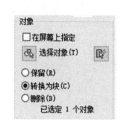

图3.5 "对象"选区

(4)"设置"选区(见图3.6):在"块单位"下拉列表中选取一个单位作为块单位;"超链接"按钮将某个超链接与块定义相关联(见图3.7)。

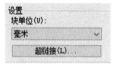

图3.6 "设置"选区

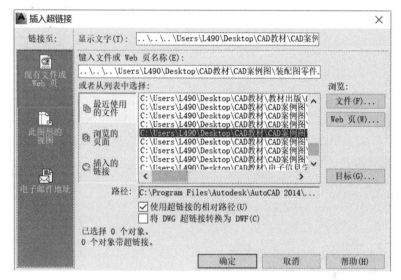

图3.7 "插入超链接"对话框

(5)"方式"选区:指定块的特性(见图3.8)。"注释性"复选框使用注释性块和注释性属性;"按统一比例缩放"复选框将块按统一比例缩放,此复选框必须和"注释性"复选框同时被勾选;勾选"允许分解"复选框,块可以被分解。

(6)"说明"文本框:用于与块定义相关的文字说明。

3. 插入块

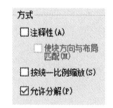

图3.8 "方式"选区

图块创建完成后,可以利用"插入块"命令将已创建的图块插入当前文件。

1)插入图块

执行"插入"→"块"命令,如图3.9所示。

2)"插入"对话框

打开"插入"对话框,如图3.10所示。

图 3.9 插入"块"   图 3.10 "插入"对话框

3)选项功能

(1)"插入点"选区:插入点的选取一般有两种方式,一种是指定具体坐标;另一种是用鼠标指针在屏幕上选取插入图形的位置,如图 3.11 所示。

(2)"比例"选区:用于设置插入图块时的缩放比例,可将 X、Y、Z 设置为不同的数值,但制图中一般选择 1:1:1,如图 3.12 所示。

图 3.11 "插入点"选区   图 3.12 "比例"选区

(3)"旋转"选区:指定图块插入时,图块所需的旋转角度。一般图块插入时无须旋转,角度默认设置为 0,如图 3.13 所示。

(4)"分解"复选框:图块是一个整体,通常插入时其依然是个整体。若勾选"分解"复选框,则插入的图块将被分解,如图 3.14 所示。

图 3.13 "旋转"选区   图 3.14 "分解"复选框

4. 保存块

将图形创建为图块后，新建一个新的 DWG 文件，执行"插入"→"块"命令，此时发现找不到已创建的图块，造成这一问题的原因是，创建的图块是一个只能在原图形文件中被调用的"内部块"。

为了便于图块的保存和使用，执行"保存图块"（WBLOCK）命令，将图块保存为一个独立的文件，从而使其成为"外部块"，以便在不同文件中被调用。在 AutoCAD 2014 中，使用"WBLOCK"命令可以为图块指定保存路径，以文件的形式保存。在命令行中输入"WBLOCK"将打开"写块"对话框，如图 3.15 所示。

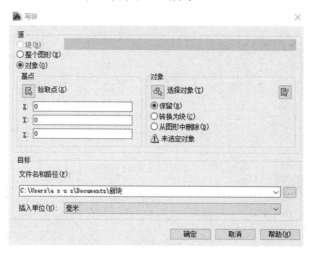

图 3.15 "写块"对话框

"外部块"创建好后，可以在新建的文件中执行"插入"→"块"→"浏览"命令，在指定路径下，选取已保存的所需图块，完成插入即可，如图 3.16 所示。

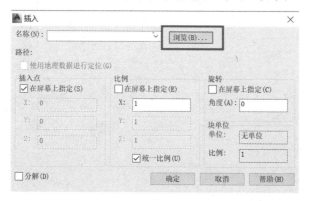

图 3.16 插入"外部块"

3.1.2 带属性的图块

属性是图块的一个重要组成部分，可以是对图块添加的文字说明。

在电子产品设计文件中，有些图形需要制成带属性的图块，如电路图中大量、反复出现的元器件，这些图形往往带有元器件编号，元器件编号也属于图块的一部分，也就是属性，电路图如图 3.17 所示。

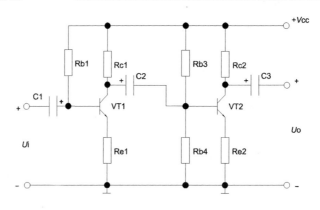

图 3.17 电路图

1. 创建带属性的块

创建带有属性的图块,先定义属性,再创建为图块,操作步骤如下。

1)打开"属性定义"对话框

执行"绘图"→"块"→"定义属性"命令,如图 3.18 所示,打开"属性定义"对话框(见图 3.19)。

图 3.18 定义属性

图 3.19 "属性定义"对话框

2)定义属性

各选项的功能如表 3.3 所示。

表 3.3 "属性定义"对话框中各选项的功能

选区	选项	功能
"模式"	"不可见"	表示在插入图块时,不显示或不打印属性值
	"固定"	表示在插入图块时,设属性为固定值,不可修改
	"验证"	表示在插入图块时,将提示验证属性值是否正确
	"预设"	表示在插入包含预设属性值的图块时,系统不再提示用户输入属性值,而是自动插入默认值

续表

选区	选项	功能
"属性"	"标记"	属性的名字，提取属性时要用此标记。此项不可为空
	"提示"	用于设置属性提示，在插入属性时，命令提示行将显示相应的提示信息，可以不填
	"默认"	属性文字，是插入图块时显示在图形中的值或文字字符。若创建电阻图块，则其"值"就是"R1"
"插入点"		用于设置属性的插入点，即属性值在图形中的排列起点。插入点可在屏幕上指定，也可以输入 X、Y、Z 坐标值作为属性的插入点
"文字设置"		设置属性文字的对正、文字样式、文字高度和旋转的角度

注："属性定义"对话框左下角有一个名为"在上一个属性定义下对齐"的复选框，勾选该复选框，表示文字样式、文字高度及旋转角度设置为与上一个属性文字相同的数值，并在上一个属性文字的下一行与之对齐。

3）创建为块

属性定义完成后，依据创建图块的步骤，将属性和图形对象全部选中，创建为图块。

2．插入属性块

在"插入"菜单下，选择"块"选项，利用对"插入块"对话框的设置，进行带属性图块的插入，这部分操作与一般图块的插入方法一致，这里不再赘述，如图 3.20 所示。

3．修改属性定义

打开方式如下。

（1）执行"修改"→"对象"→"文字"→"编辑"命令。

（2）双击块的属性，直接打开"编辑属性定义"对话框，如图 3.21 所示。

可在对话框中的"标记""提示""默认"文本框中，对图块中的标记、提示及默认属性加以编辑、修改。

图 3.20　插入属性块

图 3.21　"编辑属性定义"对话框

4. 编辑块属性

执行方式如下。

(1) 执行"修改"→"对象"→"属性"→"单个"命令，如图 3.22 所示。

(2) 在"修改Ⅱ"工具栏中单击"编辑属性"按钮。

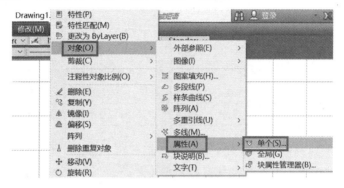

图 3.22　编辑块属性

打开"增强属性编辑器"对话框，如图 3.23 所示。

图 3.23　"增强属性编辑器"对话框

"增强属性编辑器"对话框有如下 3 个选项卡。

(1)"属性"选项卡：图块中属性定义的标记、提示和值。

(2)"文字选项"选项卡：可修改属性对象的文字样式、文字高度、旋转角度等相关参数。

(3)"特性"选项卡：可修改属性对象的图层、颜色、线型等特性。

5. 块属性管理器

1) 打开方式

(1) 执行"修改"→"对象"→"属性"→"块属性管理器"命令。

(2) 在"修改Ⅱ"工具栏中单击"块属性管理器"按钮。

打开"块属性管理器"对话框，如图 3.24 所示。

2) 各选项的功能

(1)"块"下拉列表：显示在当前图形中，所有具有属性的图块名称。

(2)"选择块"按钮：可利用鼠标指针选择需要属性编辑的图块。

（3）"同步"按钮：可将属性定义的编辑同步应用于其他图块。

（4）"上移"或"下移"按钮：当一个图块中有两个以上的属性定义时，单击这两个按钮实现选中的属性定义的位置的上下移动。

（5）"编辑"按钮：可修改图块属性的相关特性。

（6）"删除"按钮：可删除多个属性中的选定属性。

（7）"设置"按钮："块属性设置"对话框如图 3.25 所示，可重新设置各属性的显示方式。

图 3.24 "块属性管理器"对话框

图 3.25 "块属性设置"对话框

3.1.3 外部参照

扫一扫看外部参照微课视频

1. 特点

外部参照是将外部文件调用到当前文件。外部参照的特点如表 3.4 所示。

表 3.4 外部参照的特点

序号	特点
1	只记录引用信息，节省存储空间
2	外部参照可以实时更新
3	绑定前不能编辑和分解
4	为了当前图形可以被找到，若外部参照文件被改名或移动，则必须重新选择文件和指定路径
5	只显示外部参照中的一部分
6	被插入图形文件的信息并不直接加入主图形，主图形只记录外部参照的关系

2. 使用

扫一扫看外部参照教学课件

1）操作步骤

（1）执行"插入"→"DWG 参照"命令。

（2）在"选择参照文件"对话框中选择外部参照文件。

（3）单击 "打开"按钮。

（4）打开"附着外部参照"对话框，如图 3.26 所示。

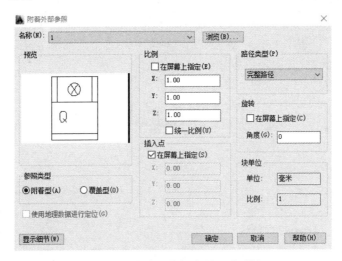

图 3.26 附着"外部参照"对话框

2)"外部参照"对话框

"外部参照"对话框中各选项的功能如表 3.5 所示。

表 3.5 "外部参照"对话框中各选项的功能

选区	选项	功能
参照类型	"附着型"	单击该单选按钮,表明外部参照可以嵌套
	"覆盖型"	单击该单选按钮,表明外部参照不可以嵌套
路径类型	"相对路径"	使用相对路径附着外部参照时,将保存外部参照相对被附着图形的位置
	"完整路径"	使用完整路径附着外部参照时,外部参照的精确位置将保存到被附着图形中
	"无路径"	在不使用路径附着外部参照时,将优先在被附着图形所在文件夹中查找外部参照

3. 裁剪

在 AutoCAD 中,用户可以根据需要对外部参照的范围进行裁剪,同时可以实现对边框显示的控制。

1)裁剪外部参照

(1)裁剪外部参照的执行方式和操作步骤,如表 3.6 所示。

(2)输入剪裁选项,如图 3.27 所示。

表 3.6 裁剪外部参照的执行方式和操作步骤

执行方式	在命令行中输入"XCLIP"
	单击"参照"工具栏中的"裁剪外部参照"按钮
操作步骤	在命令行中输入"XCLIP"
	选择被参照图形
	继续选择,或者按 Enter 键结束
	输入剪裁选项

图 3.27 输入剪裁选项

开(ON):在被附着图形中,被裁剪的外部参照或图块部分不显示。

关(OFF):在被附着图形中,全部显示外部参照或图块,裁剪边界被忽略。

剪裁深度(C):分别设置前裁剪平面和后裁剪平面于外部参照或图块上,不显示位于边界或指定区域外的对象。

删除(D):删除选定的外部参照或图块的裁剪边界。

生成多段线(P):自动生成一条多段线,使其与裁剪边界重合,并且这条多段线的图层、线型、线宽和颜色等特性设置采用当前设置。

新建边界(N):新建一个矩形或多边形的裁剪边界,或者生成一个多边形裁剪边界的多段线。

2)裁剪边界边框

裁剪边界边框的执行方式和操作步骤如表 3.7 所示。

表 3.7 裁剪边界边框的执行方式和操作步骤

执行方式	在命令行中输入"XCLIPFRAME"
	执行"修改"→"对象"→"外部参照"→"边框"命令
	单击"参照"工具栏中的"外部参照边框"按钮
操作步骤	在命令行中输入"XCLIPFRAME"
	输入"XCLIPFRAME"的新值<0>: 当其值设置为 1 时,显示裁剪边界边框; 当其值设置为 0 时,不显示裁剪边界边框

4. 绑定

外部参照绑定是将外部参照绑定到当前图形,成为当前图形中不可分割的组成部分,其打开方式如下。

(1)执行"修改"→"对象"→"外部参照"→"绑定"命令,如图 3.28 所示。

(2)在命令行中输入"XBIND"。

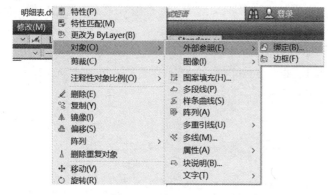

图 3.28 外部参照绑定

3.1.4 AutoCAD 设计中心

AutoCAD 设计中心(AutoCAD Design Center,ADC)是一个可以管理、查看和重复利用图形的多功能工具。利用 AutoCAD 设计中心可以浏览、查找、管理图形等资源，拖动鼠标指针，就可将设计图纸中的图层、图块、文字样式等复制到当前图形文件。

1．启动 AutoCAD 设计中心

打开方式如下。

（1）执行"工具"→"设计中心"命令。

（2）在"标准"工具栏中单击"设计中心"按钮。

（3）按 Ctrl+2 键。

打开的"AutoCAD 设计中心"窗口如图 3.29 所示。

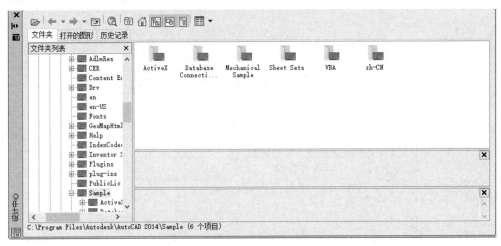

图 3.29　"AutoCAD 设计中心"窗口

2．AutoCAD 设计中心窗口组成

（1）树状文件夹列表：用于显示计算机内的所有资源。

（2）内容框：当在树状文件夹列表中选中某一项时，右侧的内容框中会显示所选项的对应内容。

（3）工具栏：位于"AutoCAD 设计中心"窗口最上方，包含"打开""后退""向前""上一级""搜索""收藏夹"等按钮。

（4）选项卡：AutoCAD 设计中心有"文件夹""打开的图形""历史纪录" 3 个选项卡。

（5）插入图块设计中心：可以将图块插入图形，一是指定比例和旋转方式插入；二是指定坐标、比例和旋转角度插入，如图 3.30 所示。

3．图形复制

利用 AutoCAD 设计中心可以进行图形复制，分为以下两种方法。

1）图形之间复制

（1）在 AutoCAD 设计中心中选中要复制的图形，右击打开快捷菜单，选择"复制"选项。

（2）将图形复制到剪贴板上，执行"粘贴"命令复制到当前文件。

2）图层之间复制

（1）将图层直接拖入已打开的图形文件。

项目3 电子产品模块化制图

（2）直接复制粘贴到打开的图形文件。

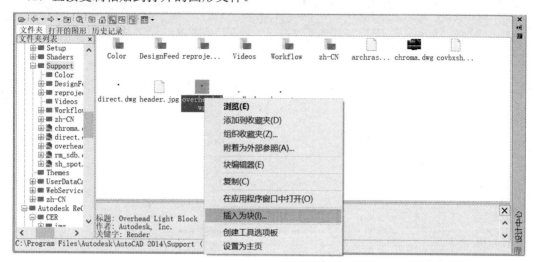

图 3.30 插入图块设计中心

3.1.5 模型空间与图纸空间

AutoCAD 中包含如下两种绘图工作空间。

扫一扫看模型空间与图纸空间教学课件

扫一扫看空间与视口微课视频

1. 模型空间

模型空间（见图 3.31）是 AutoCAD 系统默认的空间，用户绘制图形的工作主要在模型空间内完成。在模型空间中，用户可以绘制二维图形，也可以绘制三维实体。模型空间是 AutoCAD 中最常用的空间。

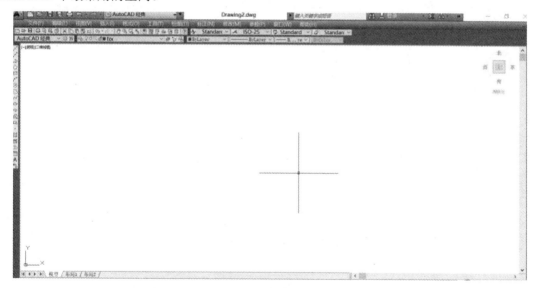

图 3.31 模型空间

2. 图纸空间

图纸空间又称为布局，打开布局如图 3.32 所示，从图上不难看出，图纸空间相当于一张真实的图纸，用户可以通过相应的设置，将图形以标准化图纸的形式呈现。

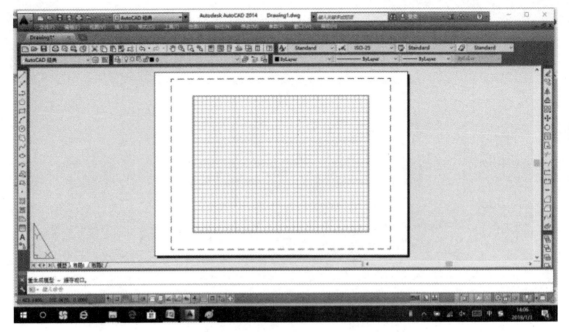

图 3.32 打开布局

3.1.6 平铺视口与浮动视口

1. 平铺视口

视口（见图 3.33）顾名思义，就是视觉窗口。它可以存于模型空间，也可以存于图纸空间。可用于显示图形的某个部分或某一区域。

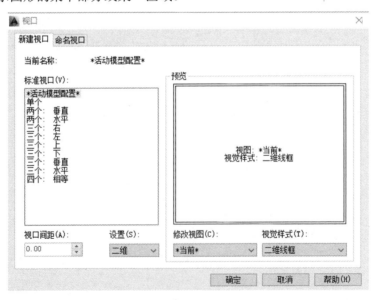

图 3.33 视口

对较复杂的图形来说，为了能够更为清晰地呈现图形的不同部分，可以在模型空间或图纸空间中同时创建多个视口，并以平铺的方式放置，如图 3.34 所示。这样有利于同时显示几个不同的视图效果。

项目 3　电子产品模块化制图

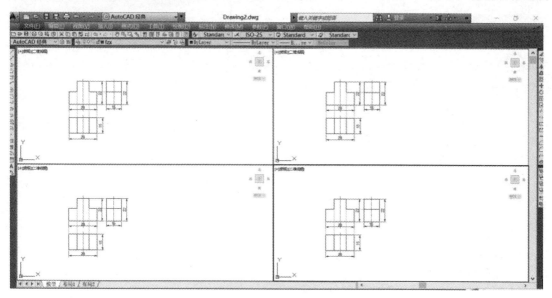

图 3.34　平铺视口

2．浮动视口

在图纸空间中也可以同时创建多个视口，这些视口被称为浮动视口。浮动视口与平铺视口不同，视口是浮动的，位置可以改变，也可相互重叠，可以创建各种形状的视口，如图 3.35 所示。

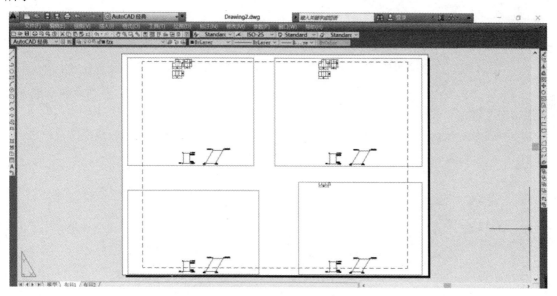

图 3.35　浮动视口

若将模型空间设置为当前绘图空间，则创建的视口称为平铺视口；若将图纸空间设置为当前绘图空间，则创建的视口称为浮动视口。

扫一扫看页面设置教学课件

3.1.7　页面设置

在页面设置中可对打印设备及其他影响最终输出的外观和格式进行设置。图形绘制完成后需要输出，输出前需要创建布局。在布局中需要对绘图仪的图纸尺寸、打印方向等参数加

电子产品 AutoCAD 制图

以设置，这些设置可以保存在页面设置中，修改后也可以应用到其他布局。

用户在"模型"中完成图形绘制之后，可以在"布局"中开始创建要打印的布局。图纸空间中有视口，其中的虚线框表示打印区域。设置布局后，可以为布局的页面指定各种设置。

1．页面设置

操作步骤如下。

（1）执行"文件"→"页面设置管理器"命令。

（2）打开如图 3.36 所示的"页面设置管理器"对话框。

（3）在"页面设置管理器"对话框中，单击"新建"按钮，打开如图 3.37 所示的"新建页面设置"对话框。

图 3.36 "页面设置管理器"对话框　　　　图 3.37 "新建页面设置"对话框

（4）在"新页面设置名"文本框中，默认输入名称为"设置 1"，可以重新命名，也可以直接单击"确定"按钮。

（5）在系统默认的模型空间状态下，弹出如图 3.38 所示的"页面设置-模型"对话框。

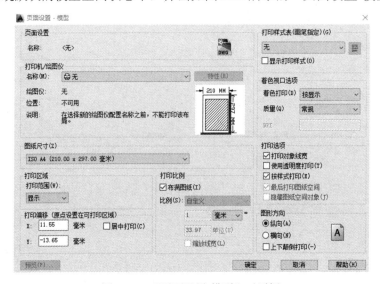

图 3.38 "页面设置-模型"对话框

2. "页面设置-模型"对话框

1)"打印机/绘图仪"选区

(1)"名称"下拉列表:选择所需的打印机。

(2)"特性"按钮:单击该按钮,打开如图 3.39 所示的"绘图仪配置编辑器"对话框,用户可根据需求修改特性参数。

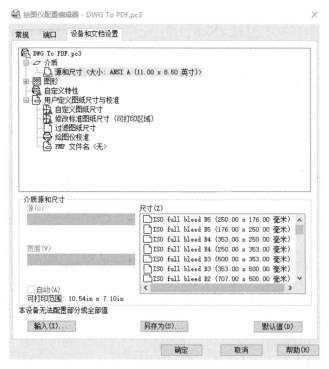

图 3.39 "绘图仪配置编辑器"对话框

2)"打印样式表"下拉列表

用于选择打印样式。

3)"图纸尺寸"下拉列表

用于选择合适的图纸尺寸。

4)"打印范围"下拉列表

包含 4 种选项(见表 3.8)。

表 3.8 "打印范围"下拉列表中的选项

序号	选项	用途
1	"窗口"	设定打印区域
2	"范围"	可打印当前图样中所包含的所有图形对象
3	"图形界限"	设定图形界限范围
4	"显示"	打印当前窗口所显示的图形

5)"打印比例"选区

用于设置打印图纸的比例。

6)"打印偏移"选区

用于指定打印区域相对图纸左下角的偏移量。

(1) X:在 X 方向的偏移量。

(2) Y:在 Y 方向的偏移量。

(3) 居中打印:将图形在图纸中居中打印。

7)"着色视口选项"选区

包含"着色打印"和"质量"两个下拉列表,根据需要进行设置。

8)"打印选项"选区

包含"打印对象线宽""按样式打印"等复选框。

9)"图形方向"选区

用于设置图纸打印方向,包含"纵向""横向""上下颠倒打印"3 种。

3.1.8 模型空间输出图形

在电子产品设计中,制图员绘制完图形后,需要将图形打印输出,由于图形都是在模型空间中绘制的,因此最常规的输出方式就是在模型空间内直接输出图形。

1. "打印"命令的执行方式

(1) 执行"文件"→"打印"命令。

(2) 在"标准"工具栏中单击"打印"按钮。

(3) 在命令行中输入"PLOT"。

扫一扫看模型空间输出图形教学课件

2. 模型空间输出图形的操作步骤

1)选择合适的绘图仪

执行"文件"→"绘图仪管理器"命令,打开"绘图仪管理器"窗口(见图 3.40),可以在列表中双击"添加绘图仪向导"快捷方式,添加绘图仪。

图 3.40 "绘图仪管理器"窗口

项目3 电子产品模块化制图

2）页面设置

执行"文件"→"页面设置管理器"命令，页面设置的操作步骤如表3.9所示。

表3.9 页面设置的操作步骤

序号	操作内容
1	执行"文件"→"页面设置管理器"命令
2	在"页面设置管理器"对话框中单击"新建"按钮
3	在"新建页面设置"对话框中输入新页面设置名
4	在"页面设置"对话框中设置"打印区域"等
5	在"页面设置管理器"对话框中选中"新建页面设置"，将其设置为"当前"

3）打印出图

执行"文件"→"打印"命令，打开"打印-模型"对话框，如图3.41所示。

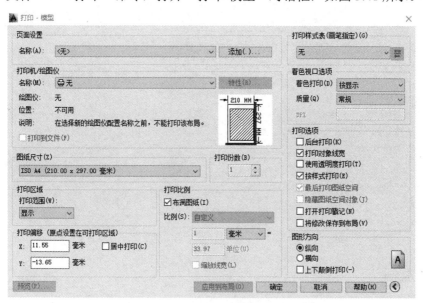

图3.41 "打印-模型"对话框

在"打印-模型"对话框中，可对"页面设置""图纸尺寸""打印区域"等进行相应设置。

打印设置完成后，需要单击"预览"按钮。在预览过程中，用户可以查看图形在图纸中的位置。退出预览有两种方式：一是右击，在弹出的快捷菜单中选择"退出"选项；二是按Esc键。预览后，确认图形无须修改，单击"确定"按钮，开始打印出图。

3.1.9 图纸空间输出图形

图纸空间主要用于对已绘制的图形进行布局，在AutoCAD 2014中，可以同时创建多个布局，每个布局都是一张独立的图纸，可以单独打印输出。

扫一扫看图纸空间输出图形微课视频

图纸空间输出图形，要先创建布局，利用布局中视口的设置，呈现不同的布局效果。图纸空间中的视口不同于模型空间中的视口，是浮动视口，每个视口都可以设置为不同的打印比例。具体的操作步骤如下。

（1）执行"文件"→"添加绘图仪"命令。

（2）双击窗口中的"添加绘图仪向导"快捷方式，选择合适的打印机/绘图仪，如图 3.42 所示。

（3）执行"文件"→"页面设置"命令。

（4）在"打印机/绘图仪"下拉列表中选择合适的打印机。

（5）在"图纸尺寸"下拉列表中选择合适的图纸尺寸，如图 3.43 所示。

（6）单击"特性"按钮，选择"修改标准图纸尺寸（可打印区域）"选项，在对应的列表中找到所选的图纸，单击"修改"按钮对可打印区域加以修改设置，如图 3.44 所示。

图 3.42 添加绘图仪向导

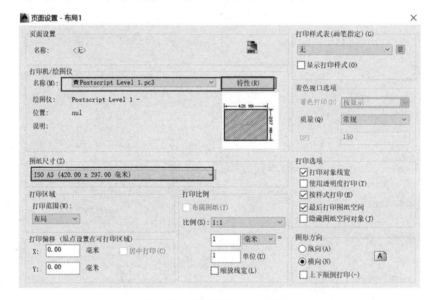

图 3.43 "页面设置"对话框

图 3.44 修改可打印区域

项目 3　电子产品模块化制图

（7）调整视口比例（见图 3.45）。

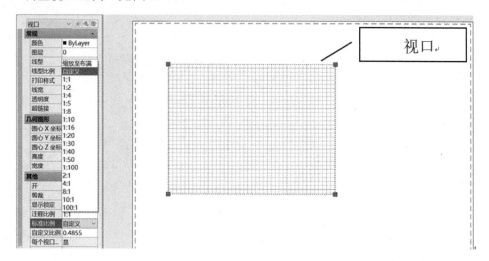

图 3.45　调整视口比例

3.1.10　转换为 PDF 文件

扫一扫看转换为 PDF 文件教学课件

AutoCAD 在日常使用中，往往需要将图形转换为 PDF 文件。具体操作步骤如下。

1．选择"打印"选项

在"文件"菜单下，选择"打印"选项，如图 3.46 所示。

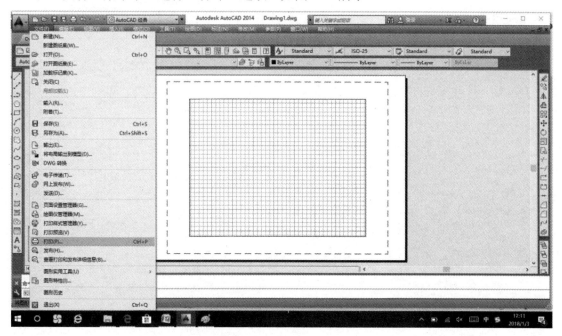

图 3.46　选择"打印"选项

2．选择打印机

在"打印机/绘图仪"下拉列表中选择"DWG To PDF.pc3"选项，如图 3.47 所示。

3. 打印范围

选择打印范围，如图 3.48 所示。

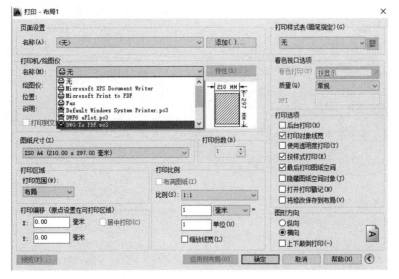

图 3.47　选择打印机　　　　　　　　　　图 3.48　选择打印范围

4. 取消勾选复选框

取消勾选"打印对象线宽"复选框，如图 3.49 所示。否则打印出的图纸有时很难看清。

5. 保存文件

保存生成的 PDF 文件，如图 3.50 所示。

图 3.49　打印选项　　　　　　　　　图 3.50　保存生成的 PDF 文件

3.1.11　接线图

接线图属于电子产品设计图纸中的工艺图纸，是产品设计中的必要文件之一。

1. 接线图的分类及特点

电子产品接线图按照连接方式的不同，主要分为直接式和间接式。一般根据设计的电子

产品的电路复杂程度、生产装配的要求等因素来选择。

1）直接式接线图

直接式接线图按照各元器件在电子产品中的实际位置，直接画出各元器件接口间的连接线。

直接式接线图最大的特点就是直观、醒目，元器件上每条连接线的走向都能够直接在图上清晰地反映出来，便于识别和检查。在直接式接线图中，两个元器件之间直接用线连接，适用于元器件少、接线简单的电路。

2）间接式接线图

间接式接线图各元器件接口间的连接，不直接用线，而采用符号标注方法来表示连接关系，适用于复杂的电子产品，避免由于电路复杂造成连接混乱。

2．绘制接线图的基本原则

电子产品设计文件中的接线图一般用于表示产品的内部各元器件或系统内部各设备之间的连接关系，绘制时应遵循以下原则。

（1）各电子元器件或设备应按实物，遵循左右对称、上下对称的原则绘制。

（2）电子产品接线图中所有元器件在绘制时，需要与电子产品的原理图标注一致，使用符号标注方法连接时，接线端的标注符号也需要与原理图一致。

（3）无论是采用直接方式接线，还是采用间接方式接线，都必须表示出连接线之间的关系和方向。

（4）在接线图中，需要对所使用的导线的型号、规格、截面积及颜色加以标注。

（5）接线图中各元器件的放置位置，需要遵照产品装配时的位置，偏差不宜太大，应保持基本一致。

（6）接线板线号的排列需要清楚、直观，便于查看。

3.1.12 装配图

装配图属于电子产品设计中的工艺图纸的一种，主要用于表示产品或各部件的工作原理，各元器件、零件的基本结构和相互之间的装配关系。

一张完整的电子产品装配图应具有下列内容。

1．一组视图

用于表示产品或各部件的工作原理，各元器件、零件的基本结构和相互之间的装配关系。

2．必要尺寸

用于标注电子产品及其各部件生产、安装的所需尺寸。在装配图上标注的尺寸分为以下几种。

（1）规格尺寸：表示产品和各元器件的尺寸规格。

（2）装配尺寸：表示各元器件之间装配关系的尺寸。

（3）安装尺寸：安装产品或各元器件时所需的尺寸。

（4）总体尺寸：表示产品的总长、总宽和总高的尺寸。

（5）其他重要尺寸：在电子产品设计中除以上 4 种尺寸标注以外的一些重要尺寸。

3．技术要求

对电子产品装配、检测和调试等方面要求的简要文字说明。

4．元器件编号

在装配图上要按一定顺序将各元器件进行编号，并指明它们所在的位置。

5．明细表

列出装配图所包含的每个元器件的序号、名称、数量、材料等信息。

3.2 工作任务

3.2.1 绘制方框图

1．任务目标

（1）熟练掌握点、圆弧、矩形等二维图形的绘制方法。
（2）掌握利用复制、偏移、移动等二维图形的绘制方法。
（3）掌握图案填充的使用方法。
（4）掌握图块创建和使用的方法。

2．任务内容

方框图是一种说明性图形，绘制简单的方框来代表电子产品中的某一部件或某一功能模块。方框与方框之间用线连接，用于表示每个部件或每个功能模块之间的电路关系。

以某电力线载波机方框图（见图3.51）为例，练习绘制方框图。

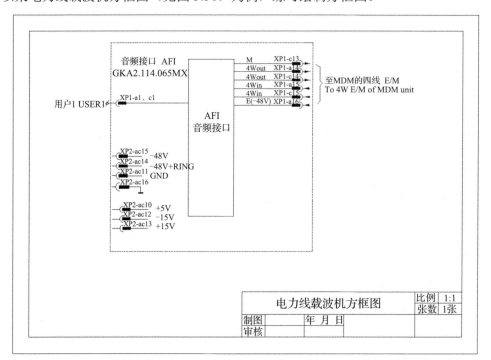

图 3.51　某电力线载波机方框图

在方框图中连接线需要注意以下几点。
(1) 电线连接线使用细实线。
(2) 电源电路和主信号电路连接使用粗实线。
(3) 机械连接线使用虚线。

3．任务实施

1）调用样板

调用"作业样板"新建文件，命名为"方框图"。

2）创建图层

执行"格式"→"图层"命令，如图3.52所示。
(1) 名称为"辅助线"，颜色为"青色"，线宽为"0.25mm"，线型为"Continuous"。
(2) 名称为"框线"，颜色为"白色"，线宽为"0.25mm"，线型为"DASHDOTX2"。
(3) 名称为"细实线"，颜色为"白色"，线宽为"0.25mm"，线型为"Continuous"。

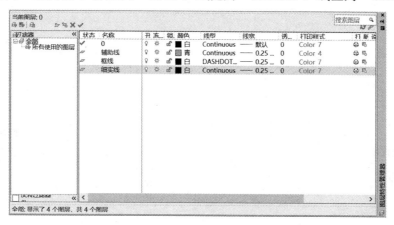

图 3.52　"方框图"图层

3）设置当前图层

设置"细实线"图层为当前图层。

4）绘制直线

执行"绘图"→"直线"命令，绘制长为2mm的水平直线。

5）绘制半圆弧

执行"绘图"→"圆弧"→"起点、圆心、角度"命令，绘制半圆弧。

6）绘制矩形框

执行"绘图"→"矩形"命令，绘制3mm×1mm的矩形框。

7）绘制直线

执行"绘图"→"直线"命令，以矩形框右侧直线中点为起点，绘制长为5mm的水平直线。

8）图案填充

执行"绘图"→"图案填充"命令，将矩形框填充为黑色。

9）单行文字

执行"绘图"→"文字"→"单行文字"命令，输入"-48V"。

10）创建图块

执行"绘图"→"块"→"定义属性"命令。创建图块如图 3.53 所示。

11）切换图层

切换到"框线"图层。

12）绘制外部矩形框

执行"绘图"→"矩形"命令，绘制 99mm×98mm 的矩形框。

13）切换到"辅助线"图层

切换到"辅助线"图层，绘制布局定位辅助线，如图 3.54 所示。

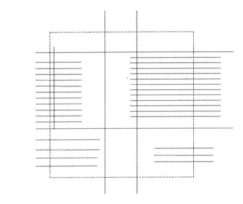

图 3.53　创建图块　　　　　　图 3.54　布局定位辅助线

14）完成图形绘制

按照如图 3.55 所示的音频接口，执行"移动""复制""单行文字"命令，依次完成图纸绘制。

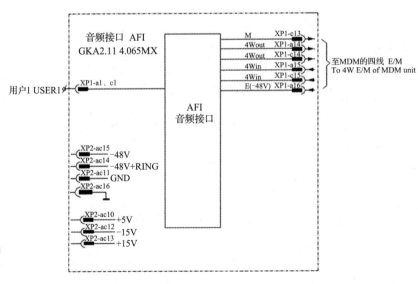

图 3.55　音频接口

3.2.2 绘制接线图

1. 任务目标

（1）熟练掌握点、圆弧、矩形等二维图形的绘制方法。
（2）掌握利用复制、偏移、移动等命令绘制二维图形的方法。
（3）掌握图案填充的使用方法。
（4）掌握图块创建和使用的方法。
（5）掌握绘制电子产品接线图的方法。

2. 任务内容

电子产品设计图纸中包含接线图，接线图用于表示电子产品中各项目之间的连接关系。在电子产品的生产调试、故障排查和设备维护等方面都得到了应用。下面以某电子产品的接线图为例（见图 3.56），练习绘制接线图。

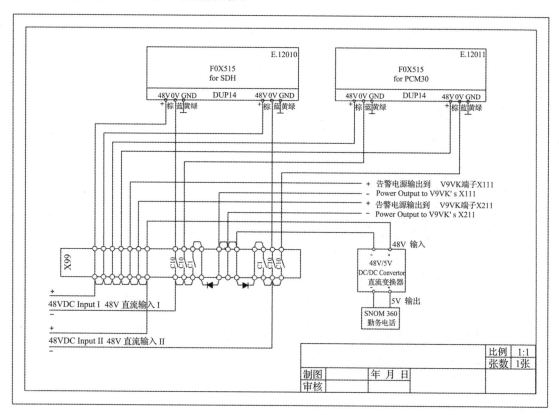

图 3.56 某电子产品的接线图

3. 任务实施

1）创建文件

（1）执行"文件"→"新建"命令。
（2）选择合适的样板，创建新文件，如图 3.57 所示。

电子产品 AutoCAD 制图

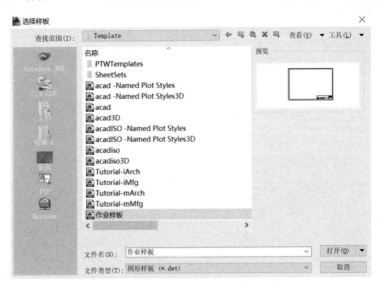

图 3.57　创建新文件

（3）保存文件，以"接线图"命名，如图 3.58 所示。

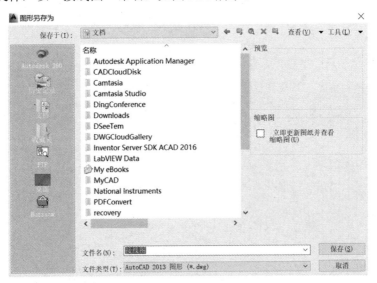

图 3.58　保存"接线图"文件

2）创建图层

创建图层，如图 3.59 所示。

3）设置当前图层

将"粗实线"图层设置为当前图层。

4）绘制图形

执行"绘图"→"矩形"命令，绘制 107mm×37mm 的矩形，沿矩形左下角点水平向右 13.5mm 处做辅助线，以 13.5mm 直线右侧端点为圆心，绘制半径为 1mm 的圆。执行"修改"→"阵列"→"矩形阵列"命令，设置列数为 3，列间距为 7，行数为 1，绘制水平向右的圆阵列。"镜像"选中 3 个小圆，以矩形框水平中心点为镜像线，在右侧镜像出 3 个小圆。

执行"绘图"→"文字"→"单行文字"命令,设置字高为 3.5,分别输入对应文字。完成后的设备图如图 3.60 所示。

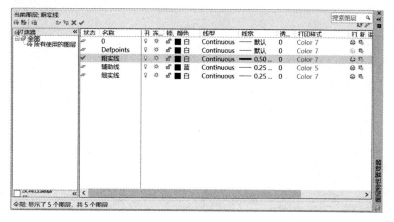

图 3.59 创建图层

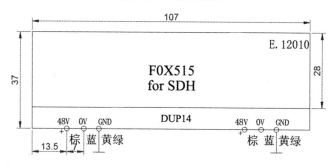

图 3.60 完成后的设备图

5)绘制辅助线

切换到"辅助线"图层,利用定距偏移 7mm 绘制辅助线,辅助线可以帮助布局,如图 3.61 所示。

6)绘制圆

切换到"粗实线"图层,在辅助线上选取一点为圆心,绘制半径为 1.5mm 的圆,下方点也应该绘制一个同样大小的圆,用直线连接两个圆,在下面的圆上绘制一条斜线,线长 3.5mm,如图 3.62 所示。

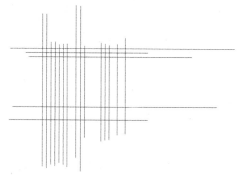

图 3.61 辅助线

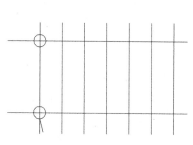

图 3.62 绘制圆

7）绘制多点连接

执行"复制"命令，选定圆心为基点，依次放置在相应点上，并完成斜线间的连接，如图3.63所示。

8）绘制三角形

执行"多边形"命令，绘制三角形，边设置为4mm，执行"图案填充"命令，将三角形填充为黑色，并放置在相应位置，如图3.64所示。

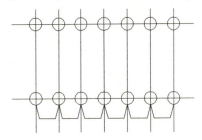

图3.63 绘制多点连接

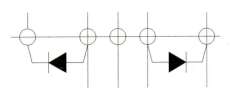

图3.64 绘制三角形

9）输入文字

执行"矩形"命令，绘制矩形框，执行"文字"→"单行文字"命令，按照图3.65完成文字输入。

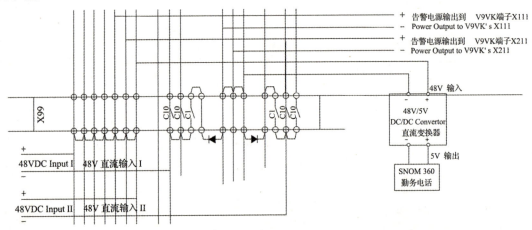

图3.65 文字输入

3.2.3 绘制装配图

1．任务目标

（1）熟练掌握创建图层的方法。

（2）熟练掌握点、圆、多边形、直线、矩形的绘制方法。

（3）熟练掌握阵列、移动等命令的使用方法。

（4）熟练掌握图块创建和使用的方法。

（5）掌握电子产品装配图的绘制方法。

2．任务内容

电子产品装配图没有机械产品图纸那么复杂，只需简单表示出各个部件的装配关系。绘

制图样时,也相对比较简单。以某显示控制板的装配图(见图3.66)为例,练习绘制装配图。

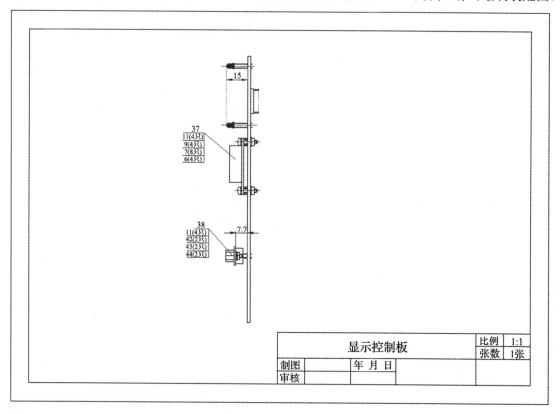

图 3.66 某显示控制板的装配图

3．任务实施

1)设置图层

(1)"绘图"图层:白色、Continuous、默认线宽。

(2)"尺寸标注"图层:红色、Continuous、默认线宽。

(3)"中心线"图层:洋红色、Center、默认线宽。

(4)"元件"图层:红色、Continuous、默认线宽。

2)绘制发光二极管

绘制发光二极管,如图 3.67 所示。

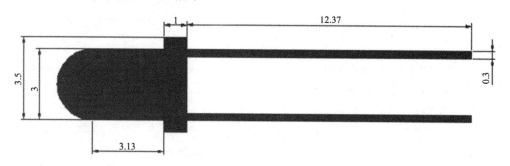

图 3.67 发光二极管

电子产品 AutoCAD 制图

（1）切换到"中心线"图层，绘制中心线。

（2）切换到"元件"图层，从中心线出发，垂直向上绘制长度为 1.5mm 的直线，1mm 的水平直线，0.5mm 垂直向下的直线，12.37mm 水平向右的直线，0.3mm 垂直向下的直线，12.37mm 水平向左的直线，1.2mm 垂直向下的直线，1mm 水平向左的直线，1.5mm 垂直向上的直线，3.13mm 水平向左的直线，1.5mm 垂直向下的直线。选中所绘制的对象，执行"镜像"命令，以中心线为镜像线，完成镜像。以最左侧边线的中点为圆心，半径 1.5mm 绘制一个圆，"修剪"图形后，如图 3.68 所示。

（3）执行"图案填充"→"solid"→"红色"→"拾取内部点"命令，执行"绘图"→"块"→"创建块"命令（见图 3.69）。

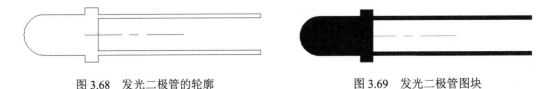

图 3.68　发光二极管的轮廓　　　　　图 3.69　发光二极管图块

3）绘制零件

（1）绘制如图 3.70 所示的零件 1，执行"直线"命令，依次按尺寸绘制，将其创建为图块，便于使用和保存。

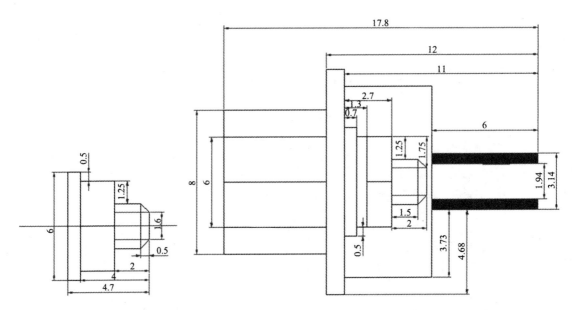

图 3.70　零件 1

（2）绘制如图 3.71 所示的零件 2。

① 在"中心线"图层绘制中心线。

② 执行"直线"命令，按照如图 3.71 所示的尺寸完成所有直线的绘制。

③ 执行"图案填充"→"ANGLE"→"洋红色"→"45°"→"0.09"命令。

④ 分别以图 3.72 两端点为圆心，绘制两个半径为 4.62mm 的圆，以两个圆的交点为圆心，绘制半径为 4.62mm 的圆，依据原图进行修剪，完成零件 3 的绘制并创建为图块。

项目 3 电子产品模块化制图

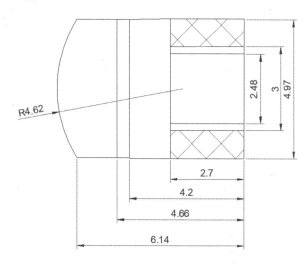

图 3.71 零件 2

4）完成装配图

将绘制好的零件分别插入图纸相应位置,完成装配图,如图 3.73 所示。

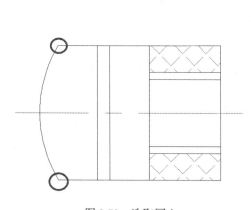

图 3.72 选取圆心

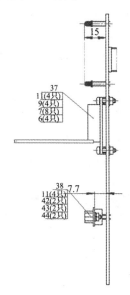

图 3.73 完成装配图

3.2.4 布局出图

1. 任务目标

（1）掌握添加绘图仪的方法。
（2）掌握页面设置的方法。
（3）掌握模型空间出图的方法。
（4）掌握视口创建的方法。
（5）掌握图纸空间出图的方法。
（6）掌握转换为 PDF 文件的方法。

电子产品 AutoCAD 制图

2．任务内容

以面板布置图（见图3.74）为例，完成模型空间出图和图纸空间出图。

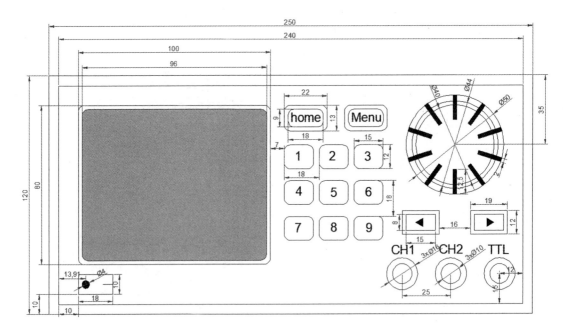

图 3.74　面板布置图

3．任务实施

1）打开文件

打开"面板布置图"文件，如图3.75所示。

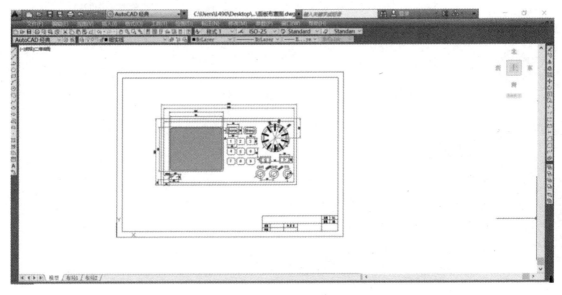

图 3.75　打开"面板布置图"文件

2）添加绘图仪

执行"文件"→"绘图仪管理器"→"添加绘图仪向导"命令，如图3.76所示。

图3.76　"绘图仪管理器"选项

3）打印

执行"文件"→"打印"命令，打开"打印"对话框。

（1）打印机设置为"postscript level 1.pc3"。

（2）"图纸尺寸"设置为"ISOA3 420x297"。

（3）"打印范围"设置为"窗口"，在模型空间绘图区中，用鼠标以两个对角点的方式设置一个窗口。

（4）在"打印偏移"选区中勾选"居中打印"复选框。

（5）在"图形方向"选区中单击"横向"单选按钮。

（6）单击"预览"按钮，输出图纸如图3.77所示。

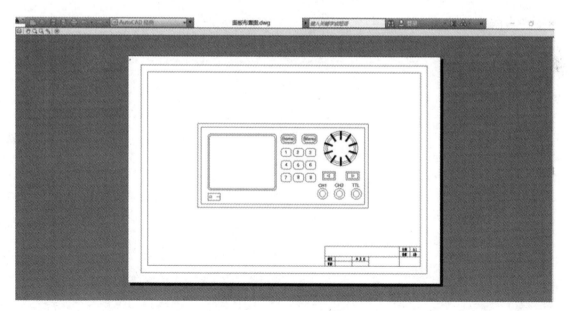

图3.77　模型空间出图

4）切换空间

单击"布局"选项卡，切换到图纸空间，如图3.78所示。

电子产品 AutoCAD 制图

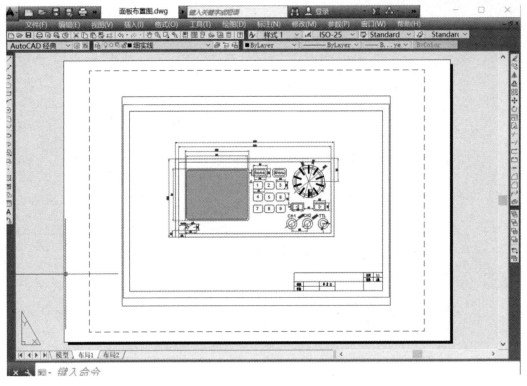

图 3.78　图纸空间

5）删除视口框

选中视口框，删除视口框，如图 3.79 所示。

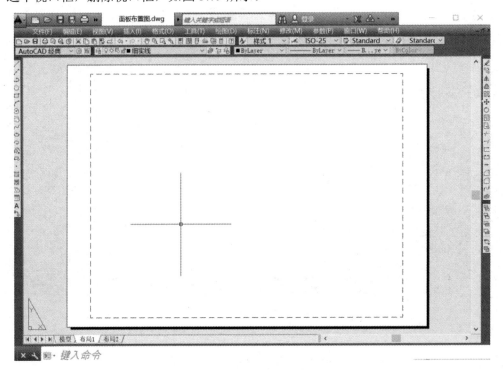

图 3.79　删除视口框

6）创建视口

执行"视图"→"视口"命令，创建 4 个视口，如图 3.80 所示。

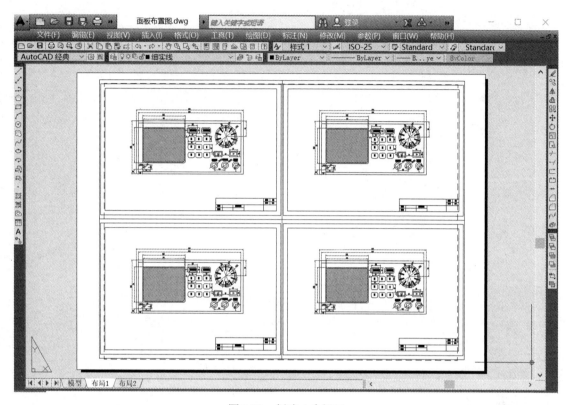

图 3.80　创建 4 个视口

7）页面设置

执行"文件"→"页面设置管理器"→"布局 1"→"修改"命令，打开"页面设置"对话框。

（1）打印机设置为"postscript level 1.pc3"。

（2）"图纸尺寸"设置为"ISO A3 420x297"。

（3）单击"特性"按钮。

（4）打开"绘图仪配置编辑器"对话框，选择"修改标准图纸尺寸（可打印区域）"选项，图纸尺寸设为"ISO A3 420x297"，单击"修改"按钮，可打印区域（边距全部设为3）逐一确定（见图3.81），关闭"页面设置"对话框。

（5）布局中的图纸变大了，可打印区域的虚框也变大了，如图 3.82 所示。

（6）分别选中视口框调整比例，执行"移动"命令将 4 个视口合理布局，如图 3.83 所示。

（7）右击视口框，将图层切换到"Defpoints"图层。

（8）执行"文件"→"打印"命令（设置同模型空间出图），图纸空间出图效果如图 3.84 所示。

（9）执行"文件"→"打印"命令，打印机设置为"DWG to PDF"，生成 PDF 文件，如图 3.85 所示。

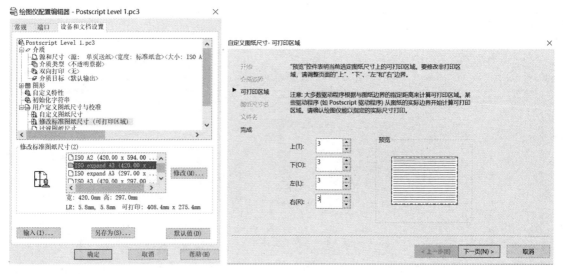

图 3.81 修改特性

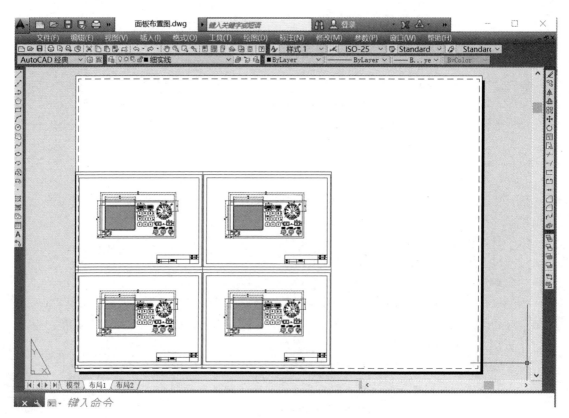

图 3.82 调整页面

项目 3　电子产品模块化制图

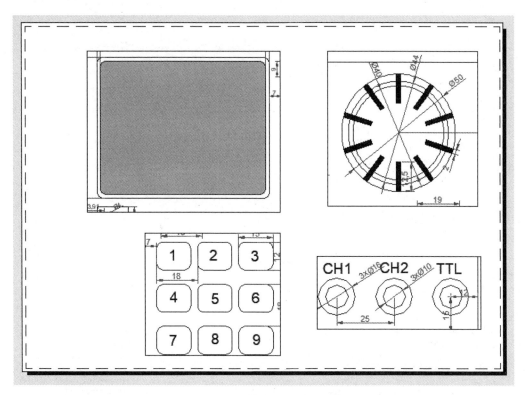

图 3.83　调整视口位置和比例

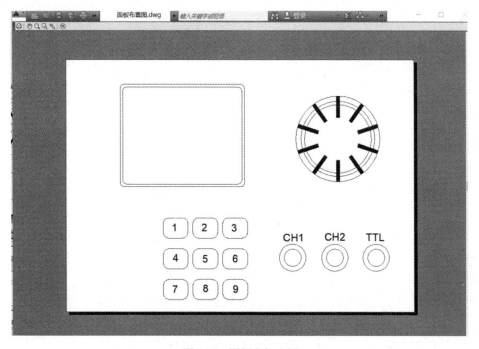

图 3.84　图纸空间出图

电子产品 AutoCAD 制图

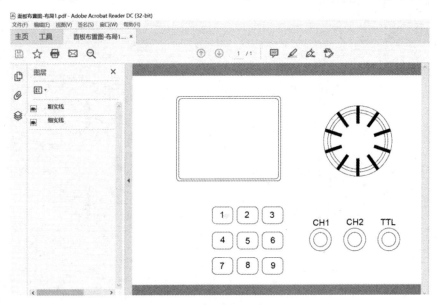

图 3.85 生成 PDF 文件

3.3 任务拓展知识

1. 执行"图案填充"命令时,"拾取点"和"选择对象"的不同

在 AutoCAD 中执行"填充图案"命令时,系统会打开"图案填充和渐变色"对话框,选择需要进行图案填充的图形对象时,可以利用"边界"选区中的"拾取点"和"选择对象"两种方式进行,如图 3.86 所示。

图 3.86 选择边界方式

项目 3　电子产品模块化制图

在使用过程中,有很多用户不知道这两种方式有何不同,下面举例为大家进行介绍。

1)封闭多段线图形

在绘图区绘制一个封闭的正五边形,分别以两种方式来执行,比较一下结果。

(1)选择"拾取点",过程及结果如图 3.87 所示。

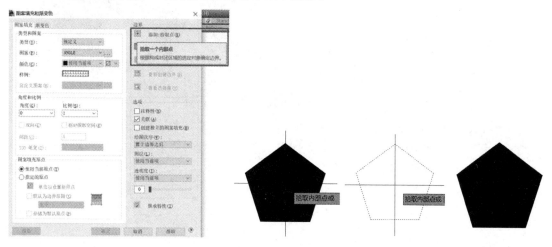

图 3.87　选择"拾取点"(封闭多段线图形)

(2)选择"选择对象",过程及结果如图 3.88 所示。

图 3.88　选择"选择对象"(封闭多段线图形)

从以上图形中不难看出,对于简单的封闭多段线图形,"拾取点"和"选择对象"的执行结果相同。

2)封闭交叉图形

在绘图区绘制一个正五边形和一个与其相交的圆,如图 3.89 所示。

(1)选择"拾取点",过程及结果如图 3.90 所示。

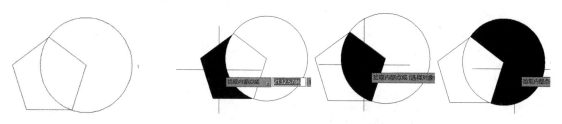

图 3.89　封闭交叉图形　　　　图 3.90　选择"拾取点"(封闭交叉图形)

在封闭交叉图形中,有 3 个独立的封闭区域,"拾取点"方式可以分别选中某区域进行图

151

案填充，或者逐一选中某区域完成图形的整体图案填充。

（2）选择"选择对象"，过程及结果如图 3.91 所示。

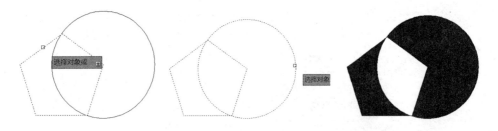

图 3.91　选择"选择对象"（封闭交叉图形）

"选择对象"方式只能依次选择图形对象，填充结果有一部分区域未能填充。

通过上述举例对比结果来看，执行"拾取点"方式时需要明确地选定填充的区域，填充效果比较好掌握；而"选择对象"则要求边界一定是封闭多段线，选择交叉不封闭的线时，虽然可以填充，但填充结果不太好掌握。基于以上原因，"拾取点"方式在图案填充中应用更广。

2．修改图块

使用图块进行绘图有利于提升绘图效率，但是在实际使用图块时，所用的图块往往有稍许变动，下面介绍如何修改图块。

1）块编辑

（1）创建一个图块，如图 3.92 所示。

（2）双击图块，弹出"编辑块定义"对话框，如图 3.93 所示。

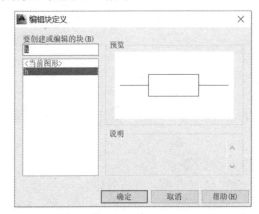

图 3.92　创建图块　　　　　图 3.93　"编辑块定义"对话框

在块编辑器状态下，可以使用绘图、修改的各项命令对图形进行编辑，也可以给图块执行参数、动作、约束、查询列表、可见性等操作，图形修改完毕后，保存块定义，单击"关闭块编辑器"按钮，执行结果如图 3.94 所示。

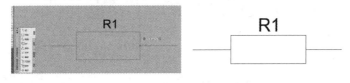

图 3.94　编辑块的执行结果

2）增强属性编辑器

增强属性编辑器只能对属性块进行操作，先绘制一个图形给其定义属性，并创建为图块，属性块的创建方法前文有介绍，利用增强属性编辑器修改图块的操作方法如下。

（1）创建一个如图 3.95 所示的属性块。

（2）双击属性块，弹出"增强属性编辑器"对话框，如图 3.96 所示。

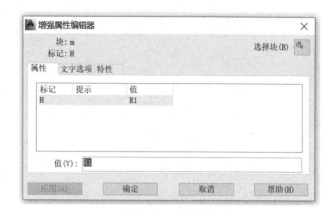

图 3.95　创建属性块　　　　　　图 3.96　"增强属性编辑器"对话框

（3）分别选择"属性""文字选项""特性"选项卡，进行所需特性参数的修改，如图 3.97 所示，修改"值"为"R2"。

图 3.97　修改"值"

3．建立工具选项板

AutoCAD 2014 为用户提供了多种绘图工具，用户也可以根据自身需求建立工具选项板，满足个性化需求。

1）执行方式

（1）在命令行中输入"CUSTOMIZE"。

（2）执行"工具"→"自定义"→"工具选项板"选项，如图 3.98 所示。

（3）在工具栏任意位置处右击，在弹出的快捷菜单中选择"自定义"选项，如图 3.99 所示。

（4）执行"工具选项板窗口"→"特性"命令，如图 3.100 所示。

以上 4 种方式均可打开"自定义"对话框，如图 3.101 所示。

电子产品 AutoCAD 制图

图 3.98 工具选项板

图 3.99 "自定义"选项

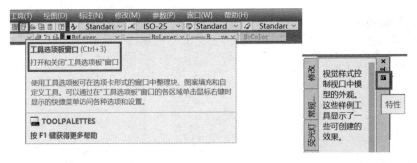

图 3.100 "特性"图标

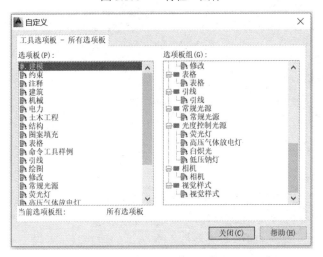

图 3.101 "自定义"对话框

项目 3 电子产品模块化制图

2）操作步骤

（1）打开"自定义"对话框。

（2）在"自定义"对话框中选择一项，右击，选择"新建选项板"选项，如图 3.102 所示。

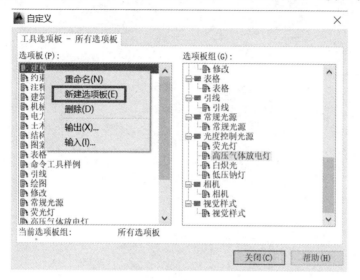

图 3.102 "新建选项板"选项

4. 图纸集的创建和管理

对大多数产品项目来说，设计图纸繁多，整理图纸是一项非常重要的工作。过去这项工作只能手动完成，非常耗时，效率低。为了提升整理图纸的效率，AutoCAD 为用户提供了图纸集管理器功能，利用该功能可以在图纸集中为每张图纸自动创建布局。

1）创建图纸集

（1）在命令行中输入"NEWSHEETSET"。

（2）执行"文件"→"新建图纸集"命令，如图 3.103 所示。

（3）执行"工具"→"向导"→"新建图纸集"命令（见图 3.104）。

（4）执行"应用程序"→"新建"→"图纸集"命令（见图 3.105）。

（5）执行"标准"→"图纸集管理器"→"新建图纸集"命令（见图 3.106）。

图 3.103 执行方式 2

2）管理图纸集

创建好图纸集后，可以根据需要对图纸集进行管理或添加图形到图纸集。

（1）执行方式：在命令行中输入"SHEETSET"；执行"工具"→"选项板"→"图纸集管理器"命令；在"标准"工具栏中单击"图纸集管理器"按钮。这 3 种方式均可打开"图纸集管理器"对话框，如图 3.107 所示。

（2）添加图形文件，在"图纸集管理器"对话框中单击"模型视图"选项卡，双击"添加新位置"选项，如图 3.108 所示。

电子产品 AutoCAD 制图

图 3.104　执行方式 3

图 3.105　执行方式 4

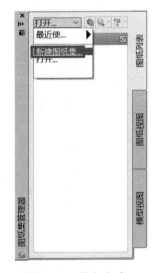

图 3.106　执行方式 5

选中某个图形文件，右击，在弹出的快捷菜单中选择"放置到图纸上"选项，如图 3.109 所示。

项目 3 电子产品模块化制图

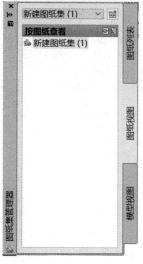

图 3.107 "图纸集管理器"对话框

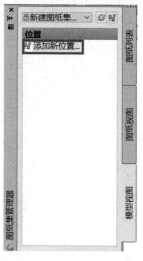

图 3.108 添加新位置

图 3.109 放置到图纸上

思考与练习 3

1. 图块的分类。
2. 内部块与外部块的区别。
3. 如何创建带属性的图块？
4. 创建图块并绘制如图 3.110 所示的图形。

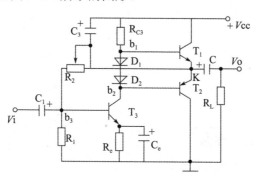

图 3.110 习题 4 图

5. 模型空间如何输出图形？
6. 什么是视口？如何调整视口比例？
7. 图形如何布局输出？

项目 4 电子产品三维制图

随着科技的发展,在电子产品设计中除了要绘制二维图形,还要绘制三维实体。

4.1 知识准备

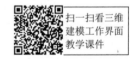 

4.1.1 三维建模工作界面

AutoCAD 为用户绘制三维实体提供了"三维基础"和"三维建模"两种工作空间。三维实体的绘制通常在"三维建模"空间内完成。

用户可以在标题栏左侧的"工作空间"下拉列表中选择"三维建模"选项,切换到"三维建模"工作空间,如图 4.1 所示。

"三维建模"工作空间与"AutoCAD 经典"界面相比,没有菜单栏,只有"常用""实体""曲面""网格""渲染""参数化"等选项卡,每个选项卡下都包含了多种选项(见图 4.2),每个选项都以图标的形式呈现,便于用户查找和使用。

如果用户需要使用菜单栏,可以单击"工作空间"下拉列表右侧的图标,选择"显示菜单栏"选项,即可显示菜单栏,如图 4.3 所示。

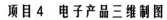

项目4 电子产品三维制图

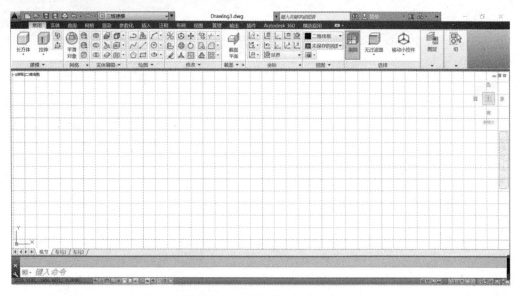

图4.1 "三维建模"工作空间

图4.2 "三维建模"工作空间的选项卡

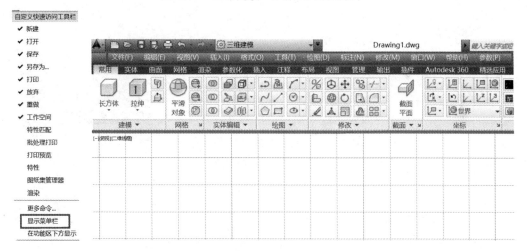

图4.3 显示菜单栏

4.1.2 三维模型的分类

扫一扫看三维模型分类教学课件

用户在使用 AutoCAD 绘制三维模型之前,首先要了解三维模型的分类。通常三维模型分为线框模型、表面模型及实体模型3种。

1. 线框模型

线框模型实际上是利用线条来描述三维实体的轮廓,其一般包含点、直线、曲线等。线框模型最大的特点是没有表面,不具有面和体的特征。从图4.4中可以看出,通过绘制12条线段就可以表示一个长方体,绘制一个圆加上两条线的形式就可以在图纸上表示一个圆锥体。

159

从图形绘制方面来说，线框模型的绘制方法比较简单，易于绘制，但其只是一个三维轮廓，并不具有实际三维实体的特点。由于构成线框模型的每个点和每条线都需要单独进行绘制，若图形复杂，则需要花费更多的时间。

2．表面模型

表面模型是用面来描述三维实体的，如图 4.5 所示。一般在线框模型的基础上，经过进一步加工处理获得。不仅为三维实体定义了边界，而且定义了表面，使其具有面的特征，可以显示出表面轮廓，也可以显示出表面的真实形状。表面模型具有面的特征，可以进行渲染和着色，适用于表示曲面复杂的三维模型，但表面模型不具有体的特征，因此不能对其进行布尔运算或计算模型的体积、质量等。

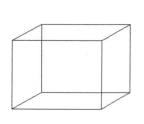

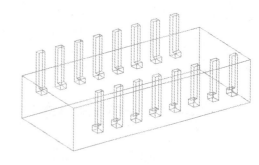

图 4.4　线框模型　　　　　　　　　　图 4.5　表面模型

3．实体模型

实体模型是 3 种模型中最高级的一种，可以认为是前两种的升级版。实体模型兼顾前两种模型的线和面的特征，同时具有体的特征，因此可以对其进行体积、质量、重心、惯性矩等计算。各实体模型间可以进行各种布尔运算，从而构建复杂的三维实体，同时可以对实体模型的颜色、材质加以设置，并对其进行渲染，进而提升图纸效果，如图 4.6 所示。

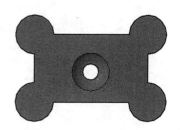

图 4.6　实体模型

4.1.3　三维坐标系

AutoCAD 2014 中使用的坐标系是笛卡儿坐标系中的直角坐标系，其分为世界坐标系和用户坐标系。在绘制二维图形时，通常使用世界坐标系；在创建三维模型时，用户会依据需求使用用户坐标系。

扫一扫看三维坐标系微课视频

扫一扫看三维坐标系教学课件

1．世界坐标系

AutoCAD 2014 中一般默认的坐标系是世界坐标系，是一种固定不变的坐标系，可分为二维坐标和三维坐标。世界坐标系最大的特点就是其原点(0,0)和各坐标轴（X 轴、Y 轴、Z 轴）的方向固定不变。三维坐标与二维坐标基本相同，只是三维坐标多了 Z 轴。

世界坐标系的二维坐标图如图 4.7（a）所示，X 轴正方向始终保持向右，Y 轴正方向始终保持向上；在三维坐标系中，Z 轴正方向为指向操作者的方向，三维坐标图如图 4.7（b）所示。

项目4　电子产品三维制图

（a）二维坐标图

（b）三维坐标图

图4.7　世界坐标系

在三维模型绘制中正确使用坐标系能够大大提升绘图效率，可以利用"右手法则"来快速、准确地确定三维坐标系中 X 轴、Y 轴、Z 轴的正方向。

所谓"右手法则"，就是将右手手背靠近屏幕放置，大拇指水平向右，食指与之垂直向上，此时大拇指所指方向是 X 轴的正方向，食指所指方向是 Y 轴的正方向，将中指分别与大拇指和食指垂直，此时中指所指方向就是 Z 轴的正方向，如图4.8所示。

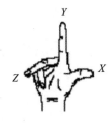

图4.8　右手法则

前面二维图形绘制部分使用的都是二维坐标系，输入的坐标采用绝对坐标和相对坐标两种形式。在三维坐标系中，除了可以使用直角坐标，还可以使用柱面坐标、球面坐标来定义位置，3种坐标系的坐标表示形式如表4.1所示。

表4.1　3种坐标系的坐标表示形式

坐标系	坐标	表示形式
三维直角坐标系	绝对坐标	X,Y,Z
	相对坐标	@X,Y,Z
柱面坐标系	绝对坐标	XY 距离<角度,Z 距离
	相对坐标	@XY 距离<角度,Z 距离
球面坐标系	绝对坐标	XYZ 距离<XY 平面内投影角度<与 XY 平面夹角
	相对坐标	@XYZ 距离<XY 平面内投影角度<与 XY 平面夹角

2．用户坐标系

用户坐标系（UCS）是 AutoCAD 2014 中的两大坐标系之一。世界坐标系的坐标原点和方向都是固定不变的，在绘制二维图形时，其可以满足操作需求，但在绘制三维实体时，需要经常改变坐标的位置和方向，会产生很大的不便。UCS 不同于世界坐标系，用户可以根据自身需求设置坐标系。

1）建立 UCS

在绘制三维实体时，建立 UCS 的方法如表4.2所示。

表4.2　建立 UCS 的方法

序号	方法
1	定义新原点、新 XY 平面或 Z 轴
2	设置当前 UCS 绕任意轴旋转
3	设置新的 UCS 与当前视图方向对齐
4	设置 UCS 与已有的对象对齐
5	设置 UCS 与实体表面对齐

2）在"UCS"对话框中设置已有 UCS

在"常用"菜单中单击"坐标"右下角的箭头，打开"UCS"对话框。

(1)"命名 UCS"选项卡（见图 4.9）中显示已有的 UCS，单击"置为当前"按钮，可将所选 UCS 设置为当前 UCS。

图 4.9　"命名 UCS"选项卡

单击"详细信息"按钮，显示所选坐标系的原点、X 轴、Y 轴和 Z 轴的数值，如图 4.10 所示。

(2) 打开"UCS"对话框中的"正交 UCS"选项卡，可将 UCS 设置为某一投影类型，如图 4.11 所示。其包含俯视、仰视、前视、后视、左视和右视 6 种正投影类型。

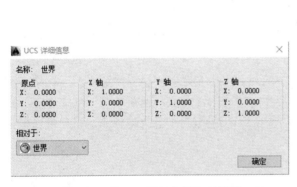

图 4.10　"UCS 详细信息"对话框

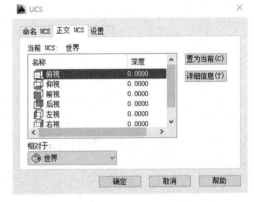

图 4.11　"正交 UCS"选项卡

3）恢复世界坐标系

已经使用 UCS 后，如果想要恢复为原有的世界坐标系，其操作方法有如下两种。

(1) 执行"工具"→"命名 UCS"命令，打开"UCS"对话框，在"命名 UCS"选项卡下选择"世界"选项，单击"置为当前"按钮，即可将当前坐标系恢复为世界坐标系（见图 4.12）。

(2) 执行"工具"→"新建 UCS"→"世界"命令，当前坐标系即可恢复为世界坐标系（见图 4.13）。

项目4 电子产品三维制图

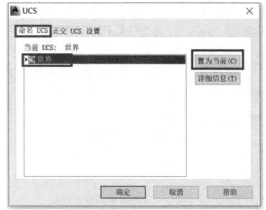

图4.12 "命名UCS"法

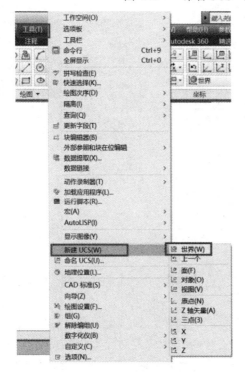

图4.13 "新建UCS"法

4.1.4 三维观察

三维模型不同于二维图形，它是立体模型，需要多角度观察物理，为了满足用户观察三维模型的需求，AutoCAD 2014 为用户提供了一些三维观察功能。

扫一扫看三维观察教学课件

扫一扫看观察模式与视觉样式微课视频

1. 视点设置

视点是用户观察图形的视角,在 AutoCAD 2014 中,用户可以利用视图模式、"视点预设"对话框设置和罗盘确定视点等方法来设置视点。

1)视图模式

AutoCAD 中包含"俯视""仰视""左视""右视""前视""后视""西南等轴测""东南等轴测""东北等轴测""西北等轴测"视图模式,用户可以通过选择视图模式来设置视点,从多个方向来观察图形,视图模式的操作方法有以下两种。

(1)执行"视图"→"三维视图"命令,在子菜单中选择所需的视图模式,如图 4.14 所示。

(2)打开"视图"选项卡,直接单击下拉按钮进行选择,如图 4.15 所示。

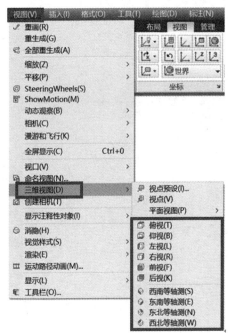

图 4.14　三维视图　　　　　　　　图 4.15　"视图"选项卡

2)"视点预设"对话框设置

(1)执行"视图"→"三维视图"→"视点预设"命令,或者在命令行中输入"DDVPIONT",如图 4.16 所示。

(2)打开"视点预设"对话框,如图 4.17 所示。

(3)设置观察角度可以选取"绝对于 WCS"或"相对于 UCS"的方式,"自:X 轴"表示视点与 X 轴正方向的夹角(见图 4.18),"自:XY 平面"表示视点与 XY 平面投影的夹角(见图 4.19)。

3)罗盘确定视点

(1)执行"视图"→"三维视图"→"视点"命令,或者在命令行中输入"VPIONT",如图 4.20 所示。

(2)绘图区出现罗盘和三轴架,如图 4.21 所示。

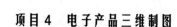

项目4 电子产品三维制图

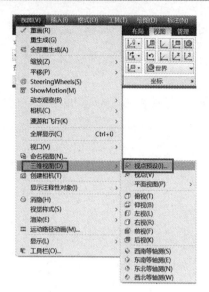

图4.16 视点预设

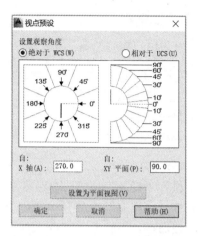

图4.17 "视点预设"对话框

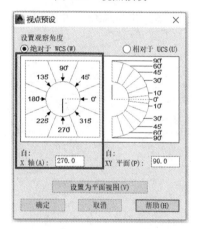

图4.18 与X轴正方向的夹角

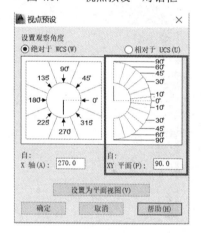

图4.19 与XY平面投影的夹角

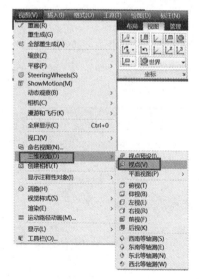

图4.20 视点

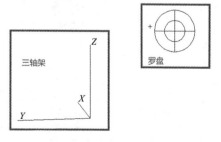

图4.21 罗盘和三轴架

165

电子产品 AutoCAD 制图

罗盘确定视点时，需要用到罗盘和三脚架。罗盘相当于地球的俯视图，其中心点是北极，内圆是赤道，外圆是南极，十字光标表示视点。

2．动态观察器

为了方便用户实时控制三维视图，AutoCAD 2014 提供了具有交互控制功能的动态观察器。

1）三维中的动态观察分类

（1）受约束的动态观察。

（2）自由动态观察。

（3）连续动态观察。

2）执行方式

（1）执行"视图"→"动态观察"命令，在子菜单中选择所需的动态观察模式。

（2）打开"视图"选项卡，单击"动态观察"下拉按钮，如图 4.22 所示。

（3）在命令行中输入"3DORBIT"。

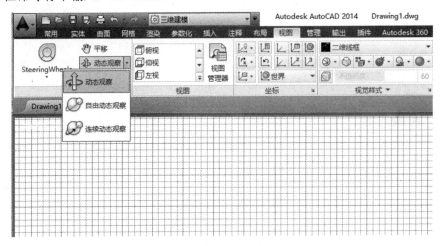

图 4.22　动态观察器

3．设置三维对象的视觉样式

执行"视图"→"视觉样式"命令或使用"视觉样式"工具栏来观察对象。AutoCAD 提供的视觉样式如表 4.3 所示。

表 4.3　视觉样式

样式	图标	作用
二维线框		显示用直线和曲线表示边界的对象，切换到等轴测视图后默认为该模式
概念		着色多边形平面间的对象，并使对象的边平滑化
隐藏		显示用三维线框表示的对象并隐藏模型内部及背面等从当前视点无法直接看见的线条

续表

样式	图标	作用
真实		着色多边形平面间的对象，并使对象的边平滑化
着色		使实体产生平滑的着色模型
带边缘着色		使用平滑着色和可见边显示对象
灰度		使用平滑着色和单色灰度显示对象
勾画		使用延伸线和抖边修改器显示对象
线框		使用直线和曲线表示对象边界
X射线		可将图形对象改为不透明，使场景变为透明

4.1.5 面域的创建与运算

在二维图形绘制中会有很多闭合区域，这些闭合区域有的是圆、椭圆、矩形等自身闭合的对象，有的则是由直线、圆弧、多段线等构成的对象。在二维图形绘制中，这些闭合的区域只是线条围成的，不具有面的特征。AutoCAD 2014 为用户提供了面域功能，可将闭合区域创建为面。

扫一扫看面域和布尔运算教学课件

扫一扫看布尔运算微课视频

面域的外观与二维图形外观相同，但面域是一个单独对象，属于实体模型。面域与面域之间可以进行并、差、交等布尔运算，因此使用面域可创建边界较为复杂的图形。对面域进行拉伸、旋转等操作，可以实现二维平面到三维立体的转换。

1. 创建面域

执行"面域"命令有 3 种方式，如表 4.4 所示。

利用上述方式执行"面域"命令后，可选择一个或多个封闭对象，按 Enter 键，即可创建面域。图 4.23 所示为示波器显示屏二维图形创建面域前后。

表 4.4 执行"面域"命令的方式

序号	执行方式
1	执行"绘图"→"面域"命令
2	单击"绘图"工具栏中的"面域"按钮
3	在命令行中输入"REGION"（REG）

图 4.23 示波器显示屏二维图形创建面域前后

2. 面域的布尔运算

布尔运算的对象只针对实体和共面的面域，对于普通线条构成的二维图形对象，无法使用布尔运算。

1）执行布尔运算的操作方法

（1）执行"修改"→"实体编辑"命令，如图4.24所示。

（2）在"建模"工具栏中单击"并、交、差"按钮，可以对面域进行"并、交、差"布尔运算。

2）并集

（1）可以连续选择要进行并集操作的面域。

（2）按Enter键确认选择结束，此时面域合并为一个整体面域。

在图4.25中，左图是并集操作前的面域，包含一个矩形和一个圆，并集操作后成为右图一个完整的面域。

图4.24 布尔运算

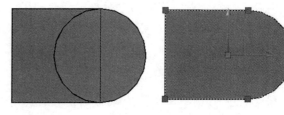

图4.25 并集

3）差集

（1）先选择要保留的面域。

（2）按Enter键结束选择。

（3）再选择要减去的面域。

（4）按Enter键结束选择。

先选择矩形面域，再选择圆形面域，差集操作后，圆形部分被减去，如图4.26所示。

4）交集

（1）选择所有需要进行交集操作的面域。

（2）按 Enter 键完成选择。

交集操作后只保留两面域的交集部分，如图 4.27 所示。

图 4.26　差集

图 4.27　交集

4.1.6　二维图形生成三维模型

在 AutoCAD 2014 中，用户可以运用一些二维转换命令，将已经绘制好的二维图形转换生成三维模型，下面我们来一一学习一下。

扫一扫看二维图形生成三维模型教学课件

扫一扫看拉伸、旋转微课视频

1. 拉伸

通过"拉伸"将绘制的二维图形转换生成三维模型的操作步骤如下。

1）创建面域

将二维图形创建为面域。

2）执行"拉伸"命令

执行"拉伸"命令来创建三维模型有以下 3 种方法。

（1）执行"绘图"→"建模"→"拉伸"命令。

（2）单击"建模"工具栏或"三维制作"面板中的"拉伸"按钮，显示屏外面的矩形面域拉伸 5mm，里面的矩形面域拉伸 8mm，如图 4.28 所示。

（3）在命令行中输入"EXTRUDE"。

对拉伸后的显示屏做布尔运算，运用差集求得如图 4.29 所示的显示屏。

（a）显示屏面域图

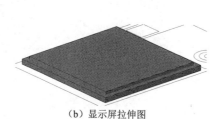

（b）显示屏拉伸图

图 4.28　拉伸效果图

图 4.29　差集后的显示屏

2. 旋转

通过"旋转"闭合多段线和面域等成为三维模型，将一个闭合对象按照指定角度，绕 X 轴或 Y 轴旋转即可生成模型，也可以绕指定的两个点、直线或多段线旋转对象。

执行"旋转"命令创建三维模型的方法如下。
(1) 执行"绘图"→"建模"→"旋转"命令[见图4.30(a)]。
(2) 单击"常用"选项卡中的"旋转"按钮,如图4.30(b)所示。
(3) 单击"实体"选项卡中的"旋转"按钮,如图4.30(c)所示。
(4) 在命令行中输入"REVOLVE"。

(a)

(b)

(c)

图4.30 旋转

【实例4.1】绘制的二维图形绕轴旋转360°形成三维模型的过程如图4.31所示。
(1) 绘制需要面域的封闭二维图形(长10mm,宽5mm)。
(2) 创建面域。
(3) 旋转图形绘制三维模型。

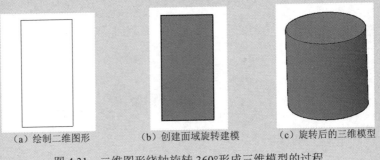

(a) 绘制二维图形　　(b) 创建面域旋转建模　　(c) 旋转后的三维模型

图4.31 二维图形绕轴旋转360°形成三维模型的过程

3. 扫掠

扫掠是指二维图形沿着指定的路径扫描后,形成的轨迹构成了三维模型。在操作过程中,以路径为主体。

扫一扫看扫掠、放样微课视频

执行方式有以下几种。

(1) 执行"绘图"→"建模"→"扫掠"命令,如图 4.32(a)所示。

(2) 在"实体"选项卡下单击"扫掠"按钮,如图 4.32(b)所示。

(3) 在"常用"选项卡下单击"扫掠"按钮,如图 4.32(c)所示。

(4) 在命令行中输入"SWEEP"。

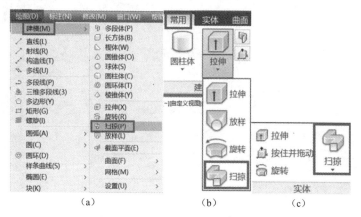

图 4.32 扫掠

【实例 4.2】绘制一条直线和一条样条曲线,分别在直线和样条曲线的一端绘制一个半径为 3mm 的圆,如图 4.33(a)所示。

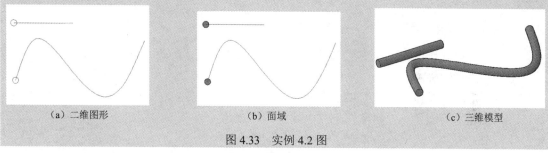

图 4.33 实例 4.2 图

(1) 执行"直线"命令,绘制一条直线。

(2) 执行"样条曲线"命令,绘制一条样条曲线。

(3) 执行"圆"命令,分别在直线和样条曲线一端绘制一个半径为 3mm 的圆。

(4) 执行"绘图"→"面域"命令,将两个圆创建为面域,如图 4.33(b)所示。

(6) 执行"绘图"→"建模"→"扫掠"命令,完成扫掠操作构成三维模型,如图 4.33(c)所示。

4. 放样

放样是指定二维图形形状,并按照指定的导向线构成三维模型的过程。

执行方式如下。

(1) 执行"绘图"→"建模"→"放样"命令。

(2) 在"建模"工具栏中单击"放样"按钮。

(3) 在命令行中输入"LOFT"。

【实例 4.3】按图 4.34(a)绘制 3 个椭圆,对图形执行"放样"命令构成三维模型。

电子产品 AutoCAD 制图

(1) 执行"椭圆"命令,绘制 3 个椭圆。
(2) 执行"面域"命令,将 3 个椭圆创建为面域。
(3) 执行"三维移动"命令,将 3 个面域分别沿 Z 轴移动,调整为不同的高度,如图 4.34(b)所示。
(4) 执行"放样"命令,构成三维模型,如图 4.34(c)所示。

(a) 二维图形　　　　　　(b) 面域　　　　　　(c) 三维模型

图 4.34　实例 4.3 图

4.1.7　基本三维模型

AutoCAD 为用户提供了如多段体、长方体、楔形体、圆锥体、球体、圆柱体、圆环体、棱锥体等简单的三维模型命令,用户可以方便地调用这些命令来完成三维模型的创建。这些模型虽然简单,但是可以进行布尔运算,实现打孔、挖槽和合并等操作,以此组合创建更为复杂的三维模型。

1. 绘制多段体

多段体可以看作带矩形轮廓的三维模型,包含曲线线段,在默认情况下是矩形轮廓。

执行"绘制多段体"命令有以下 3 种方式。
(1) 执行"绘图"→"建模"→"多段体"命令。
(2) 在"实体"选项卡中单击"多段体"按钮。
(3) 在命令行中输入"POLYSOLID",如图 4.35 所示。

扫一扫看基本三维模型教学课件

扫一扫看多段体微课视频

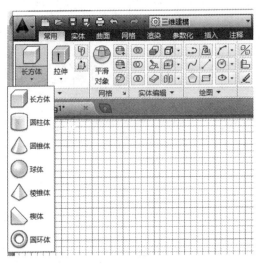

图 4.35　执行"绘制多段体"命令

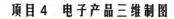

项目4 电子产品三维制图

【实例4.4】绘制多段体,依次执行如下操作。
命令:POLYSOLID。
指定高度:100。
指定宽度:10。
指定起点:鼠标指针在屏幕上指定。
绘制水平直线 a 长度:80。
绘制垂直于 a 的直线 b 长度:80。
绘制垂直于 b 的直线 c 长度:80。
动态观察后,绘制的多段体如图4.36所示。

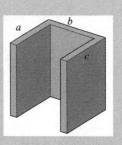

图4.36 多段体

2. 绘制长方体

长方体是三维模型中最基本的实体模型之一,应用广泛。
执行"长方体"命令有如下3种方法。
(1)执行"绘图"→"建模"→"长方体"命令(见图4.37)。

图4.37 长方体

(2)在"建模"工具栏中单击"长方体"按钮。
(3)在命令行中输入"BOX"。

【实例4.5】图4.38所示为示波器面板模型,执行如下操作。
命令:BOX。
指定第一个角点或[中心(C)]:0,0,0。
指定其他角点或[立方体(C)/长度(L)]:L。
指定长度:320。
指定宽度:130。
指定高度:10。

图4.38 示波器面板模型

3. 创建楔体

执行"楔体"命令有以下3种方法。
(1)执行"绘图"→"建模"→"楔体"命令,如图4.39所示。

173

电子产品 AutoCAD 制图

图 4.39　楔体

（2）单击"建模"工具栏中的"楔体"按钮。

（3）在命令行中输入"WEDGE"。

【实例 4.6】执行如下操作绘制楔体模型，如图 4.40 所示。

命令：WEDGE。

指定第一个角点或[中心（C）]：鼠标指针指定。

指定其他的角点或[长方体（C）长度（L）]：80，60。

指定高度：30。

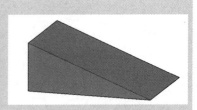

图 4.40　楔体模型

4．创建圆柱体

执行"圆柱体"命令有以下 3 种方法。

（1）执行"绘图"→"建模"→"圆柱体"命令。

（2）单击"建模"工具栏中的"圆柱体"按钮，如图 4.41 所示。

（3）在命令行中输入"CYLINDER"。

扫一扫看创建圆柱体微课视频

图 4.41　圆柱体

【实例 4.7】图 4.42 所示为调节旋钮模型，执行如下操作。

命令：CYLINDER。

指定底面圆心：鼠标指针指定。

指定底面半径：10。

指定高度：10。

图 4.42　调节旋钮模型

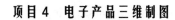

项目4　电子产品三维制图

5．创建圆锥体

执行"圆锥体"命令有以下 3 种方法。

（1）执行"绘图"→"建模"→"圆锥体"命令，如图 4.43 所示。

（2）单击"建模"工具栏中的"圆锥体"按钮。

（3）在命令行中输入"CONE"。

扫一扫看创建圆锥体、球体微课视频

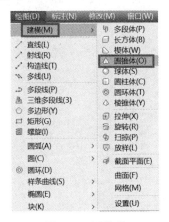

图 4.43　圆锥体

【实例 4.8】执行如下操作绘制圆锥体模型，如图 4.44 所示。

命令：CONE。
指定底面的中心点：鼠标指针指定。
指定底面半径或[直径（D）]：10。
指定高度：10。

图 4.44　圆锥体模型

6．创建球体

执行"球体"命令有以下 3 种方法。

（1）执行"绘图"→"建模"→"球体"命令。

（2）单击"建模"工具栏中的"球体"按钮，如图 4.45 所示。

（3）在命令行中输入"SPHERE"。

图 4.45　球体

【实例 4.9】图 4.46 所示为指示灯模型，执行如下操作。

命令：SPHERE。
指定球心：鼠标指针指定。
指定球半径：2.5。

图 4.46　指示灯模型

7. 创建圆环体

执行"圆环体"命令有以下 3 种方法。

（1）执行"绘图"→"建模"→"圆环体"命令，如图 4.47 所示。

图 4.47　圆环体

（2）单击"建模"工具栏中的"圆环体"按钮。

（3）在命令行中输入"TORUS"。

【实例 4.10】图 4.48 所示为圆环体模型，执行如下操作。

命令：TORUS。

指定中心点[三点（3P）两点（2P）切点、切点、半径（T）]：鼠标指针指定。

指定半径或[直径（D）]：10。

指定圆管半径或[两点（2P）直径（D）]：2。

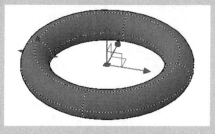

图 4.48　圆环体模型

4.1.8　三维实体的编辑

在 AutoCAD 中，用户可以对三维实体进行如旋转、镜像、阵列、倒角、对齐、圆角、剖切、干涉等一系列编辑操作，还可以对三维实体的边和面进行编辑。

扫一扫看三维实体的编辑教学课件

扫一扫看旋转三维实体微课视频

1. 旋转三维实体

执行"三维旋转"命令可以实现三维实体围绕 X 轴（Y 轴或 Z 轴）旋转。

1）执行方式

（1）执行"修改"→"三维操作"→"三维旋转"命令。

（2）单击"实体编辑"工具栏中的"三维旋转"按钮。

(3) 在"常用"选项卡下选择"修改"选项,单击"三维旋转"按钮。

(4) 在命令行中输入"3DROTATE"或"ROTATE3D"。

2) 操作步骤

(1) 出现旋转夹点后,指定基点,如图 4.49 所示。

(2) 光标悬停在旋转夹点上,直到光标变为黄色(这是软件中显示的颜色,因教材为单色印刷看不出效果,下同)(见图 4.50),移动光标时出现红色(绿色或蓝色)的长轴线,此时单击确认该轴为旋转轴。

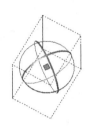

图 4.49 旋转夹点

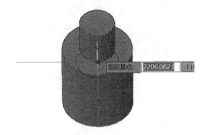

图 4.50 选择旋转轴

注:红色为 X 轴,绿色为 Y 轴,蓝色为 Z 轴。

2. 移动三维实体

用户可以通过"三维移动"实现三维实体在三维空间中的移动。将对象沿指定方向移动指定的距离,执行"三维移动"命令时,首先需要指定一个基点,然后指定第二点即可移动三维对象。

扫一扫看移动三维实体微课视频

1) 执行方式

(1) 执行"修改"→"三维操作"→"三维移动"命令。

(2) 单击"实体编辑"工具栏中的"三维移动"按钮。

(3) 在"常用"选项卡下选择"修改"选项,单击"三维移动"按钮。

(4) 在命令行中输入"3DMOVE"。

2) 操作步骤

(1) 出现移动夹点后,指定基点,如图 4.51 所示。

(2) 光标悬停在移动坐标上,直到光标变为黄色(见图 4.52),移动光标时出现红色(绿色或蓝色)的长轴线,此时单击确认该轴为移动方向。

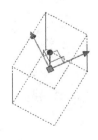

图 4.51 移动夹点

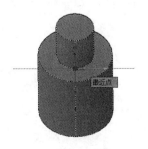

图 4.52 三维移动

3. 三维实体圆角

执行"圆角"命令,可以使三维实体指定处的尖拐角变为圆角。

对显示屏执行"圆角"命令,圆角半径设置为 5mm,结果如图 4.53 所示。

(a)圆角前的实体

(b)圆角后的实体

图 4.53　三维实体圆角

4. 三维对齐

执行"三维对齐"命令,可以使当前对象与其他对象对齐。在对齐三维对象时,需要指定 3 对对齐点,如图 4.54 所示。

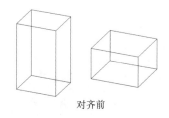
对齐前

对齐后

图 4.54　三维对齐

执行方式如下。

(1)执行"修改"→"三维操作"→"对齐"命令。

(2)在命令行中输入"ALIGN"(AL)。

5. 三维阵列

在大圆柱体上绘制长 1.5mm、宽 1.5mm、高 10mm 的长方体,如图 4.55(a)所示。
执行方式如下。

(1)执行"修改"→"三维操作"→"三维阵列"命令。

(2)在命令行中输入"3DARRAY"。

三维阵列后调节旋钮如图 4.55(b)所示。

(a)三维阵列前调节旋钮

(b)三维阵列后调节旋钮

图 4.55　三维阵列

项目 4 　电子产品三维制图

4.1.9　利用布尔运算创建复杂实体模型

扫一扫看利用布尔运算创建复杂实体模型教学课件

在 AutoCAD 中，可以通过对三维实体模型进行布尔运算，实现挖孔、开槽等操作，从而创建形状复杂的三维实体。

1．并集

通过并集绘制组合体，首先需要创建基本实体，然后通过基本实体的并集产生新的组合体。小圆柱体（底面半径 5mm，高 5mm）和大圆柱体（底面半径 10mm，高 10mm）并集后成为如图 4.56 所示的调节旋钮。

2．差集

图 4.56　并集后的调节旋钮

与并集类似，可以通过差集创建组合面域或实体，通常绘制带有槽、孔等结构的组合实体。给完成三维阵列操作的调节旋钮［见图 4.57（a）］做差集运算，结果如图 4.57（b）所示。

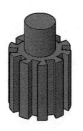

（a）差集运算前　　　　　　　　　　　　　（b）差集运算后

图 4.57　差集运算

3．交集

与并集和差集一样，可以通过交集产生多个面域或实体相交的部分。在图 4.58（a）中，里面圆柱体底面半径 5mm，高 15mm；外面圆柱体底面半径 10mm，高 10mm，两个圆柱体进行交集运算后只保留相交部分，如图 4.58（b）所示，结果为底面半径 5mm，高 10mm 的圆柱体。

（a）交集运算前　　　　　　　　　　　　　（b）交集运算后

图 4.58　交集运算

4.1.10　渲染

扫一扫看渲染教学课件

三维实体输出图纸前需要进行"渲染"，增强图纸效果，也就是对图形对象进行颜色、材质、灯光、背景等操作。

1. 光源

1）执行方式

（1）在命令行中输入"LIGHT"。

（2）执行"视图"→渲染→光源命令，如图 4.59 所示。

（3）单击"渲染"工具栏中的"光源"按钮，如图 4.60 所示。

图 4.59　光源

图 4.60　"渲染"工具栏中的"光源"按钮

2）输入光源类型

（1）"点光源"命令用于创建点光源，首先需要指定源位置，然后设置选项。各选项说明如表 4.5 所示。

表 4.5　"点光源"各选项说明

序号	选项	用途	备注
1	"名称"	指定光源名称	可以使用大写字母、小写字母、数字、空格、连字符(-)和下画线(_)，最大长度为 256 个字符
2	"强度因子"	设置光源的强度和亮度	取值范围为 0 到系统支持的最大值
3	"状态"	打开和关闭光源	没有启用光源时，此设置无影响
4	"阴影"	光源投影	关：关闭光源的阴影显示和计算 已映射柔和：显示柔和边界的真实投影 已采样柔和：真实投影和扩展光源较柔和的阴影
5	"衰减"	设置系统的衰减特性	衰减类型：控制光线随距离增加而衰减 衰减起始界限：指定一个点，光线的亮度相对光源中心的衰减从该点开始，默认值为 0 衰减结束界限：指定一个点，光线的亮度相对光源中心的衰减从该点结束
6	"过滤颜色"	控制光源的颜色	颜色设置

（2）创建聚光灯，与"点光源"基本相同，两项除外。一是聚光角，用于指定定义最亮光锥的角度，也就是光束角。聚光角的取值范围为 0°～160°或基于别的角度单位的等价值。二是照射角，用于指定定义完整光锥的角度，也就是现场角。照射角的取值范围为 0°～160°，默认值为 45°或基于别的角度单位的等价值。

注：照射角必须大于聚光角。

（3）创建平行光，与点光源和聚光灯类似。

3）光源列表

执行方式如下。

（1）在命令行中输入"LIGHTLIST"。

（2）执行"视图"→"渲染"→"光源"命令。

（3）单击"渲染"工具栏中的"光源"按钮。

以上 3 种方式均可打开光源列表，如图 4.61 所示。

4）阳光特性

执行方式如下。

（1）在命令行中输入"SUNPROPERTIES"。

（2）执行"视图"→"渲染"→"光源"→"阳光特性"命令，如图 4.62 所示。

图 4.61　光源列表

图 4.62　阳光特性

2．渲染环境

"渲染环境"命令的执行方式有如下 3 种。

（1）在命令行中输入"RENDERENVIRONMENT"。

（2）执行"视图"→"渲染"→"渲染环境"命令，如图 4.63 所示。

（3）单击"渲染"工具栏中的"渲染环境"按钮，如图 4.64 所示。

执行命令后，打开"渲染环境"对话框（见图 4.65），可以对渲染环境的有关参数进行设置。

电子产品 AutoCAD 制图

渲染环境

图 4.63　执行菜单　　　　　　　　　　图 4.64　执行工具栏

图 4.65　"渲染环境"对话框

3．材质

1）附着材质

为三维模型附着材质，增强图纸效果，有如下 3 种执行方式。

（1）在命令行中输入"MATBROWSEROPEN"。

（2）执行"视图"→"渲染"→"材质浏览器"命令。

（3）单击"渲染"工具栏中的"材质浏览器"按钮。

执行命令后，打开"材质浏览器"选项板（见图 4.66），可对材质相关参数进行设置。

选择需要的材质类型，直接拖动到三维实体对象上，为图形对象附着材质，同时将"视觉样式"转换成"真实"，即可显示出附着材质后的图形效果。例如，附着"流木"材质的前后效果如图 4.67 所示。

项目4 电子产品三维制图

图4.66 "材质浏览器"选项板

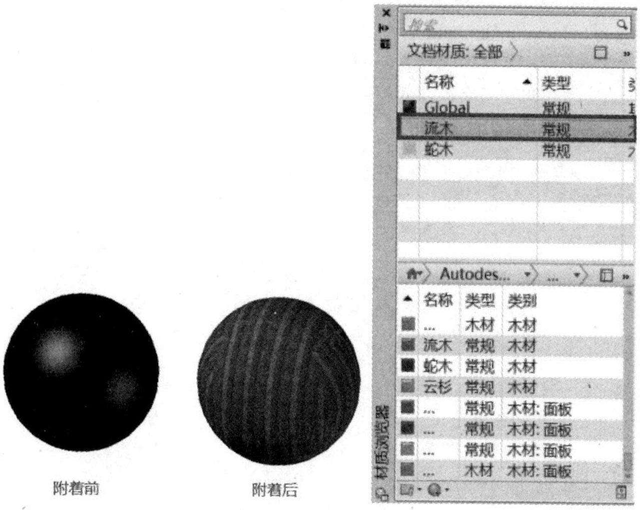

图4.67 附着"流木"材质的前后效果

2）设置材质

执行方式如下。

（1）在命令行中输入"MATEDITOROPEN"。

（2）执行"视图"→"渲染"→"材质编辑器"命令。

（3）单击"渲染"工具栏中的"材质编辑器"按钮。

执行命令后，打开"材质编辑器"选项板（见图4.68）。

3）"材质编辑器"选项板中的选项卡

（1）"外观"选项卡：可以对材质的名称、颜色、光泽度、反射率、透明度等参数进行设置。

（2）"信息"选项卡：用于材质的描述和关键字信息的编辑。

4．贴图

三维实体附着带纹理的材质后，可利用"贴图"功能，调整纹理贴图的方向，使之更加符合图形对象。

1）执行方式

图4.68 "材质编辑器"选项板

（1）在命令行中输入"MATERIALMAP"。

（2）执行"视图"→"渲染"→"贴图"命令（见图4.69）。

（3）单击"贴图"工具栏中的"贴图"按钮（见图4.70）。

图4.69 "贴图"命令

图4.70 "贴图"工具栏

电子产品 AutoCAD 制图

2) 选项说明

(1) 平面贴图：将图像映射到平面对象上，用户通过调整平面改变贴图纹理的方向，此方法最常用于面。

(2) 长方体贴图：将图像映射到类似长方体的实体上，用户通过调整长方体改变贴图纹理的方向。

(3) 柱面贴图：将图像映射到圆柱体对象上，用户通过调整圆柱体改变贴图纹理的方向。

(4) 球面贴图：将图像映射到类似球体的实体上，用户通过调整球体改变贴图纹理的方向。

5. 渲染

1) 高级渲染设置

执行方式如下。

(1) 在命令行中输入"RPREF"（RPR）。

(2) 执行"视图"→"渲染"→"高级渲染设置"命令。

(3) 单击"渲染"工具栏中的"高级渲染设置"按钮。

执行命令后，打开"高级渲染设置"选项板（见图 4.71），用户可以通过该选项板，对渲染的有关参数进行设置。

图 4.71 "高级渲染设置"选项板

2) 渲染

执行方式如下。

(1) 在命令行中输入"RENDER"（RR）。

(2) 执行"视图"→"渲染"→"渲染"命令。

(3) 单击"渲染"工具栏中的"渲染"按钮。

执行命令后，打开"渲染"对话框（见图 4.72），显示渲染结果和相关参数。

项目 4　电子产品三维制图

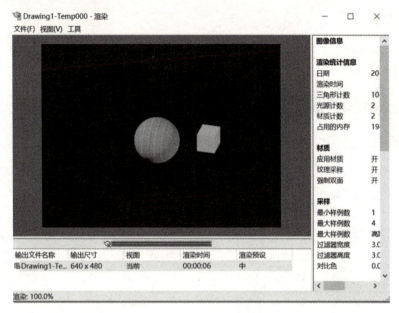

图 4.72　"渲染"对话框

4.2　工作任务

4.2.1　二维图形转换为三维实体

1．任务目标

（1）熟悉三维建模的工作界面。
（2）掌握二维图形绘制和编辑的方法。
（3）掌握文字输入的方法。
（4）掌握二维图形拉伸为三维实体的方法。
（5）掌握二维图形旋转为三维实体的方法。

2．任务内容

练习利用二维图形转换为三维实体的方法绘制图 4.73。

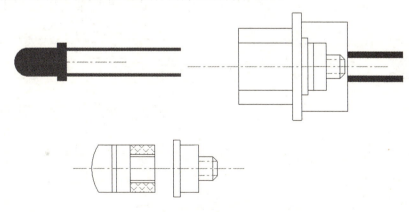

图 4.73　元件、零件图

185

3. 任务实施

1）切换工作空间

将工作空间切换为"三维建模",如图 4.74 所示。

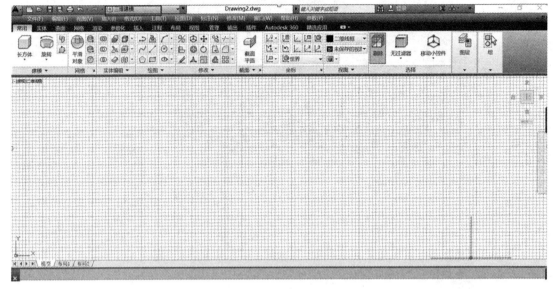

图 4.74 "三维建模"工作空间

2）设置图层

设置图层,如图 4.75 所示。

图 4.75 设置图层

3）输入图块

在新文件中插入已绘制好的"发光二极管"图块,如图 4.76 所示。

4）分解图块

执行"分解"命令,将"发光二极管"图块分解,删除"图案填充",得到图 4.77。

图 4.76 "发光二极管"图块　　　　图 4.77 分解"发光二极管"图块

5）修剪图形

执行"直线"命令,将发光二极管引脚变为封闭区域,并绘制引脚中线,修剪保留一半引脚,如图 4.78 所示。

6）创建面域

执行"绘图"→"面域"命令,将一半引脚创建为面域,如图 4.79 所示。

图 4.78 引脚为封闭

图 4.79 引脚为面域

7) 绘制引脚

执行"常用"→"建模"→"旋转"命令,选择上引脚,旋转轴用"对象捕捉"选取引脚下边线,旋转360°,构成立体引脚,如图 4.80 所示。依此方法完成另一引脚绘制。

8) 二维图形旋转为三维实体

将发光二极管管头部分修剪保留一半,并创建为面域,执行二维图形旋转为三维实体操作,绘制出"发光二极管"三维模型,如图 4.81 所示。

图 4.80 立体为引脚

图 4.81 "发光二极管"三维模型

9) 插入"零件 1"

插入已经绘制好的"零件 1",先执行"分解"命令将其分解,再执行"直线"命令绘制一条中心线,删除一半图形,如图 4.82 所示。

10) 图形创建面域

执行"绘图"→"面域"命令,选择全部图形对象,创建为面域,如图 4.83 所示。

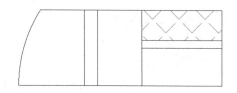

图 4.82 删除一半图形

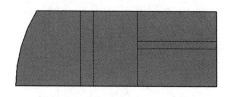

图 4.83 图形创建面域

11) "零件 1"的三维实体

执行"旋转"命令,选中面域,定义下底边为旋转轴,旋转360°,"零件 1"的三维实体如图 4.84 所示。

12) 绘制"零件 2"

利用"零件 1"的绘制方法,绘制"零件 2"的三维实体,如图 4.85 所示。

13) 并集

执行"三维移动"命令将"零件 1"和"零件 2"移动到一起,并用"并集"将其变为一个整体,如图 4.86 所示。

14) 插入"零件 3"

插入"零件 3",分解图块,如图 4.87 所示。

电子产品 AutoCAD 制图

图 4.84　"零件 1"的三维实体

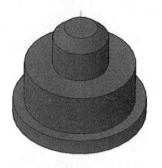

图 4.85　"零件 2"的三维实体

图 4.86　"零件 1"和"零件 2"并集

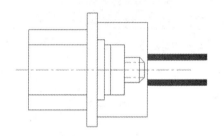

图 4.87　插入"零件 3"

15）面域

保留一半图形，并将中间图形创建为面域，如图 4.88 所示。

16）旋转

旋转为三维实体，如图 4.89 所示。

图 4.88　将中间图形创建为面域

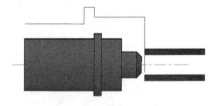

图 4.89　旋转为三维实体

17）调整图层

选中中间图形的三维实体，将其图层设置为其他图层（见图 4.90）。

18）封闭图形

将剩余图形补充为封闭图形，如图 4.91 所示。

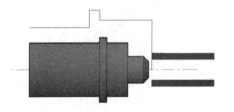

图 4.90　调整图层

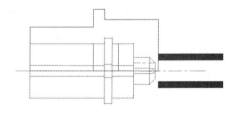

图 4.91　封闭图形

19)创建面域

将图形创建为面域,如图 4.92 所示。

20)转换为三维实体

旋转为三维实体,如图 4.93 所示。

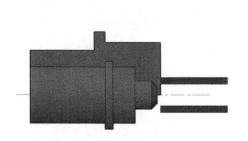

图 4.92 创建面域

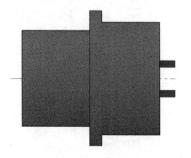

图 4.93 三维实体

21)差集

执行"差集"命令给"零件 3"的外部和内部做差集运算,保留外部,减去内部,如图 4.94 所示。

4.2.2 绘制三维实体

1. 任务目标

图 4.94 差集运算后的三维实体

(1)熟悉三维建模的工作界面。
(2)掌握三维实体的创建方法。
(3)掌握布尔运算的使用方法。
(4)掌握编辑三维实体的方法。
(5)掌握文字输入的方法。

2. 任务内容

以如图 4.95 所示的图形为例,练习利用创建三维实体的方法绘制 mini 音箱三维图。

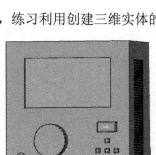

图 4.95 mini 音箱三维图

3. 任务实施

1)切换工作空间

切换到"三维建模"工作空间,并显示菜单栏,如图 4.96 所示。

电子产品 AutoCAD 制图

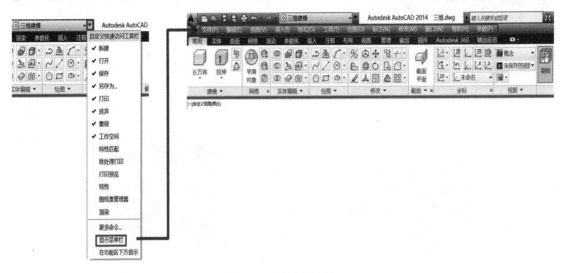

图 4.96 显示菜单栏

2）创建图层

创建图层，如图 4.97 所示。

图 4.97 创建图层

3）绘制长方体

切换至"绘图"图层，执行"长方体"命令，绘制长为 80mm，宽为 40mm，高为 80mm 的长方体，如图 4.98 所示。

4）设置原点

执行"工具"→"新建 UCS"→"原点"命令，设置新的坐标原点，如图 4.99 所示。

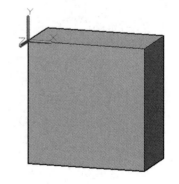

图 4.98 绘制长方体　　　　　　　　图 4.99 设置原点

5）新建 UCS

执行"工具"→"新建 UCS"→"X"命令，坐标轴沿 X 轴方向旋转"-90°"，结果如图 4.100 所示。

项目 4 电子产品三维制图

6）绘制液晶显示屏

执行"长方体"命令,第一个对角点坐标(12,-10),长 56mm,宽 20mm,高 2mm,绘制如图 4.101 所示的液晶显示屏。

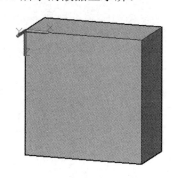

图 4.100 新建 UCS

图 4.101 液晶显示屏

7）差集

选择布尔运算中的差集运算,先选择长方体音箱,按 Enter 键,然后选择显示屏长方体,结果如图 4.102 所示。

8）绘制长方体音箱

切换至"辅助线"图层,设置长方体音箱左下角顶点为新的坐标原点;执行"直线"命令,以坐标原点为起点,沿 X 轴正方向绘制 10mm 直线,以 10mm 直线右侧端点为起点,沿 Y 轴正方向绘制垂直向上的 10mm 直线;执行"直线"命令,以坐标原点为起点,沿 X 轴正方向绘制 30mm 直线,以 30mm 直线右侧端点为起点,沿 Y 轴正方向绘制垂直向上的 28mm 直线;执行"圆柱体"命令,以 10mm 垂直直线上端点为底面圆心,绘制一个半径为 3mm、高度为 3mm 的圆柱体;执行"圆柱体"命令,以 28mm 垂直直线上端点为底面圆心,绘制一个半径为 10mm,高度为 5mm 的圆柱体,完成结果如图 4.103 所示。

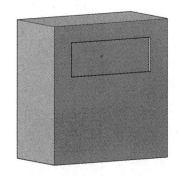

图 4.102 显示屏开槽

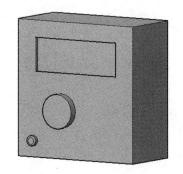

图 4.103 长方体音箱

9）绘制开关按钮

给左下角的开关按钮做半径为 1mm 的圆角,具体操作方法如下。

（1）执行"修改"→"实体编辑"→"圆角边"命令,如图 4.104 所示。

（2）选择"半径",输入半径为 1mm。

（3）选择圆柱体的上底面边,按 Enter 键,结果如图 4.105 所示。

电子产品 AutoCAD 制图

10）绘制音量调节旋钮

在底面半径为 10mm 的圆柱体上，绘制一个底面长 1mm，宽 1mm，高 5mm 的长方体；以圆柱体底面圆心为中心，形成项目数为 26 的环形阵列；执行"差集"命令，将圆柱体变为带凹槽的音量调节旋钮，如图 4.106 所示。

图 4.104 "圆角边"命令

图 4.105 开关按钮

图 4.106 音量调节旋钮

11）绘制直线

切换至"辅助线"图层，以长方体音箱右下角顶点为起点，沿 X 轴负方向绘制 20mm 直线，以 20mm 直线左侧端点为起点，沿 Y 轴正方向绘制垂直向上的 25mm 直线。

12）绘制垂直线段

执行"直线"命令，以 25mm 直线中点为起点，沿 X 轴正方向绘制 12mm 直线，以 12mm 直线中点为起点，分别向上、向下绘制长度为 6mm 的垂直直线。

13）绘制长方体

以 25mm 直线上端点为底面第一个对角点，绘制一个底面长 12mm，宽 6mm，高 3mm 的长方体。

14）绘制正方体

在 25mm 直线的中点，12mm 直线的中点、右侧端点，12mm 垂直直线的上端点和下端点，分别绘制一个边长为 2.5mm 的正方体。

15）绘制圆角边

分别给长方体按钮和正方体按钮做半径为 0.5mm 的圆角边。

16）输入文字

执行"单行文字"命令，为长方体按钮输入"MENU"。

17）绘制多边形

执行"多边形"命令，分别在 5 个正方体按钮上绘制正三角形，最终效果如图 4.107 所示。

项目4 电子产品三维制图

18）输入单行文字

执行"单行文字"命令，分别为开关按钮和音量调节旋钮输入所需的文字符号，如图4.108所示。

图4.107 按钮　　　　　　　　　　图4.108 输入文字符号

19）阵列发音孔

在音箱的右侧面，设置左下角点为新的坐标原点，以(10,10)为底面圆心，绘制半径为0.5mm，高为1mm的圆柱体；执行"三维移动"命令，将圆柱体向长方体音箱内部移动0.5mm；以圆柱体为对象，绘制一个矩形阵列，列数为12，列间距为1.5mm，行数为40，行间距为1.5mm；执行"镜像"命令，将矩形阵列镜像到音箱的左侧面上；执行"差集"命令，将圆柱体阵列和音箱做差集运算，形成音箱的发音孔，如图4.109所示。

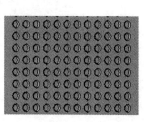

图4.109 发音孔

4.3 任务拓展知识

1. 剖切实体

剖切是利用一个平面将实体剖切成两个部分。以如图4.110所示的三维实体为例进行剖切，具体操作方法如下。

（1）在命令行中输入"SLICE"。

（2）选择要剖切的对象，如图4.111所示。

图4.110 三维实体　　　　　　　　图4.111 被选中的剖切对象

（3）选择切面，共有5个选项，如表4.6所示。

表4.6　选择切面

序号	选项	用途
1	平面对象	将所选对象的平面作为剖切面
2	Z轴	平面上指定点与平面Z轴上指定另一个点来定义剖切面
3	视图	平行于当前视图的平面为剖切面
4	XY平面/YZ平面/ZX平面	剖切面与XY平面/YZ平面/ZX平面对齐
5	三点	选择3个点确定一个剖切面

（4）在实体上选择3个点构成剖切面，如图4.112所示。

（5）实体被剖切为两个部分，执行"三维移动"命令后，最终效果如图4.113所示。

图4.112　剖切实体

图4.113　实体剖切后的最终效果

2．改变三维实体的颜色

在三维实体绘制过程中，有时需要改变颜色，有以下3种方法。

（1）直接双击实体，在"特性"框中更改颜色，如图4.114所示。

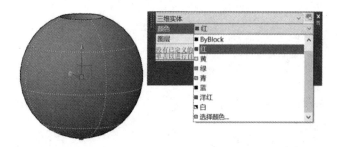

图4.114　在"特性"框中更改颜色

（2）创建不同的图层，将实体切换到不同的图层上。

（3）利用"着色面"功能进行设置。

执行"修改"→"实体编辑"→"着色面"命令，如图4.115所示。

选择对象，设置颜色，最终效果如图4.116所示。

"着色面"相较于前面3种更加实用、便捷，可以对实体的不同面设置颜色。

3．消隐

在三维实体中，被其他图形遮挡的图线将被隐藏，用于增强三维视觉效果。其执行方式有以下3种。

（1）命令执行：在命令行中输入"HIDE"（HI）。

项目4　电子产品三维制图

图4.115　着色面　　　　　　　　　图4.116　着色后的最终效果

（2）菜单执行：执行"视觉"→"消隐"命令，如图4.117所示。

（3）工具栏执行：单击"渲染"工具栏中的"隐藏"按钮，如图4.118所示。

图4.117　菜单执行　　　　　　　　　图4.118　工具栏执行

执行"消隐"命令前后，三维视觉效果如图4.119所示。

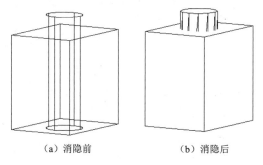

（a）消隐前　　　　　　（b）消隐后

图4.119　消隐前后的三维视觉效果

195

思考与练习 4

1. 三维模型分为几类，分别是什么？
2. 三维视图分为哪几种？
3. 二维图形转换为三维实体的常用命令有哪几种？分别是什么？
4. 执行"动态观察"命令的快捷方式是什么？
5. 绘制一个长 60mm，宽 60mm，高 60mm 的正方体，以正方体的体对角线的交点为圆心，绘制一个半径为 40mm 的球体，对正方体和球体做差集运算，保留正方体部分（最后效果如图 4.120 所示）。

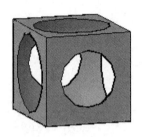

图 4.120　习题 5 图